Excel 2025

El libro completo para conquistar Microsoft Excel desde cero en menos de 7 minutos al día. Descubra todas las funciones y fórmulas con tutoriales paso a paso.

Por

LEONARD J. LEDGER

Contents

SCAN HERE

GRAB YOUR FREE BONUSES NOW

HTTPS://821PUBLISHING.COM/EXCEL-LANDING

- Excel for Beginners Audiobook
- Office 365 for Beginners Audiobook
- Excel Pro: Boosting Productivity with Shortcuts and Tricks
- Artificial Intelligence in Excel: Advanced Techniques for Data Visualization

Capítulo 1 Introducción a Microsoft Excel

1.1 Definición de Microsoft Excel?

Excel es una herramienta de Microsoft Office con la que mucha gente ya está familiarizada. Gracias a la estructura de hoja de cálculo del programa, tiene una amplia gama de aplicaciones. Es posible organizar, calcular y almacenar datos de distintos tipos para su uso futuro. La interfaz de cuadrícula de Excel permite organizar casi cualquier tipo de datos. El punto fuerte de Excel en la organización de datos es su capacidad para personalizar el estilo y la estructura de los datos a tu gusto. Microsoft Excel es uno de los primeros y más utilizados programas de hojas de cálculo del mundo. Las hojas de cálculo de Microsoft Excel permiten trabajar con tablas de datos numéricos estructuradas en columnas y filas que pueden actualizarse mediante diversas operaciones aritméticas y funciones matemáticas.

Excel permite realizar cálculos básicos, utilizar herramientas gráficas y crear tablas dinámicas, macros y muchas otras características y funciones útiles. Además de datos de texto, también puede mostrar gráficos de datos como diagramas de barras, histogramas y gráficos de líneas. Microsoft Excel es compatible con múltiples plataformas, como Mac OS X e iOS, así como Android, Windows y Windows Phone. La organización y gestión de datos se ven facilitadas por aplicaciones de hojas de cálculo como Microsoft Excel, que utilizan filas y columnas para organizar y procesar los datos. Los números se utilizan para representar las filas de la hoja de cálculo, mientras que los alfabetos se utilizan para representar los encabezados de las columnas. Se puede programar con Excel utilizando Visual Basic para Aplicaciones (VBA) y acceder a datos de otras fuentes mediante DDE (Microsoft Dynamic Data Exchange).

1.2 Breve historia de Microsoft Excel

La versión inicial de Microsoft Excel para sistemas Macintosh se publicó en 1987, mientras que la primera versión de Microsoft Excel para sistemas Windows se publicó en 1987. En la siguiente tabla se enumeran las versiones y características de Excel para Windows publicadas hasta la fecha.

- Excel 1.0 se publicó en 1985, y es la única versión del programa que se ha lanzado en Macintosh.

- Excel 2.0 fue la primera versión para Windows lanzada en 1987 e increíblemente se sigue utilizando hoy en día.

- Excel 3.0 se introdujo en 1990 y contenía características como una barra de herramientas, funciones de dibujo y esquemas. - Excel 3.0 sigue utilizándose en la actualidad.

- Excel 4.0, introducido en 1992, tenía muchas capacidades nuevas.

- Excel 5.0 debutó en 1993 y se incluyó con Microsoft Office 4.0. La característica más destacada de esta versión fue la posibilidad de crear libros con varias hojas y la compatibilidad con Visual Basic para Aplicaciones (VBA).

- Microsoft Excel 7.0 se introdujo en 1995 como parte del paquete Microsoft Office. Esta versión tenía algunas modificaciones, pero era mucho más rápida y fiable que su predecesora, Excel 5.0.

- Excel 8.0 se publicó en 1997 y se incluyó en el paquete Microsoft Office. La novedad más significativa de esta edición fue la incorporación de la ayuda oficial y la validación.

- Excel 9.0 se introdujo en 2000 como parte de Microsoft Office 2000 e incluía una función que permitía a los usuarios autorreparar documentos.

- Excel 10.0 se publicó en 2002 como parte de Microsoft Office XP y fue la primera versión del programa de hojas de cálculo. La característica clave que destacaba en esta versión era descubrir cualquier error en las fórmulas y restaurar las hojas de cálculo si Excel se bloqueaba.

- Microsoft Excel 11.0, a veces conocido como Excel 2003, se lanzó en 2003 como parte de la suite Microsoft Office 2003. La novedad más significativa de esta versión fue la mayor compatibilidad con documentos y esquemas XML.

- En 2007 se presentó Microsoft Excel 2007. El sistema de cinta, que se introdujo en Microsoft Excel 2007, fue el elemento más destacado del programa.

- Excel 14.0, que se lanzó en 2010, tuvo cambios significativos. La incorporación de nuevos diseños visuales, mejoras en una tabla dinámica y varias otras mejoras fueron algunas de las novedades de esta versión de Microsoft Excel.

- En 2015, Microsoft Excel 15.0, también conocido como Microsoft Excel 2015, estuvo disponible. Microsoft añadió más de 50 nuevas funciones a esta edición del software.

- En 2016 se presentó Excel 2016. El histograma fue una nueva característica introducida en esta edición y un montón de otras mejoras.

- Microsoft Excel se presentó en 2018 con nuevos gráficos, conocidos como Excel 16.0 o Excel 2019.

- Excel 2020, que incluye nuevas funciones y mejoras, se lanzó en 2020.

1.3 ¿Qué sentido tiene utilizar y aprender Excel?

Como MS Excel es fácil de usar y permite añadir y eliminar datos fácilmente, se utiliza mucho en diversos trabajos y proyectos. Excel es esencial para cualquier cosa que implique transacciones financieras. La posibilidad de crear nuevas hojas de cálculo con fórmulas personalizadas para todo, desde una simple previsión trimestral hasta un informe anual completo de la empresa, atrae a mucha gente a Excel. Excel se utiliza mucho para organizar y hacer un seguimiento de información general como clientes potenciales, informes de progreso de proyectos*, listas de contactos y facturas. Por último, Excel es una valiosa herramienta para tratar grandes cantidades de datos en ciencia y estadística. Según Microsoft, los investigadores pueden realizar más fácilmente análisis de varianza e interpretar grandes conjuntos de datos cuando utilizan las ecuaciones estadísticas y las herramientas gráficas de Excel. Microsoft Excel se utiliza en muchos campos y es bastante versátil. En los siguientes departamentos se puede demostrar la importancia de Microsoft Excel.

- **Informática**

Cuando se trata de hacer cálculos, Microsoft Excel es beneficioso. Tiene funciones para aritmética básica, estadística e incluso trabajos de ingeniería, entre otras cosas. Microsoft Excel puede manejar cálculos que necesitan numerosas iteraciones para llegar a una respuesta final con sólo añadir unos pocos componentes de fórmulas básicas.

- **Crear gráficos y diagramas**

Los distintos departamentos pueden visualizar y comunicar mejor la información estadística utilizando tablas y gráficos de Microsoft Excel.

- **Formatting**

Además, el programa de hoja de cálculo Excel tiene una función para dar formato a las celdas. La función de formateo de celdas puede ser útil para determinar cómo funciona algo. Si se descubre un resultado determinado, las celdas pueden organizarse de forma que sea visible. La función de formateo de celdas puede ser útil para determinar cómo funciona algo. Estas son algunas de las aplicaciones que se han comentado anteriormente. Microsoft Excel es capaz de realizar una gran variedad de actividades y tareas. Hoy en día, las hojas de cálculo siguen siendo las herramientas más eficaces para evaluar grandes cantidades de datos. Aunque no es la única herramienta accesible para gestionar todos los trabajos con datos, es una de las soluciones de análisis de datos más rentables y fiables.

Dado que se basa en su comprensión del proceso analítico, proporciona una base sólida para generar datos inteligentes. Por ello, las empresas siguen destacando la importancia de Excel como la técnica más inteligente para obtener información procesable sobre sus operaciones. Sin embargo, a pesar de ello, el enfoque sigue siendo ventajoso.

1.4 Ejemplos de cómo utilizar Excel

La aplicación Microsoft Excel ofrece amplias funciones y capacidades para las tareas oficiales rutinarias. Veamos ahora cómo distintos tipos de clientes de todo el mundo utilizan las habilidades de Microsoft Excel en su vida diaria.

- **En el ámbito de la educación**

Los diseños de tablas, formularios, infografías, herramientas de datos y algoritmos son algunas de las herramientas que los profesores pueden utilizar para formar a los alumnos en el aula. Los alumnos pueden aprender a analizar y resolver problemas básicos, lógico-matemáticos y estadísticos utilizando Excel. Los profesores pueden formar a los alumnos creando una tabla en una hoja de Excel y mostrándola. Pueden utilizar el color para llamar la atención sobre las celdas más atractivas visualmente, subrayar las estadísticas importantes y mostrar los datos en barras y gráficos para explicar sus puntos.

- **En el sector comercial**

¿Es posible para un empresario, ya sea pequeño o grande, tener éxito y dirigir su empresa sin utilizar Microsoft Excel? ¿Es posible dirigir eficazmente su empresa sin utilizar Microsoft Excel? La herramienta de hoja de cálculo Microsoft Excel se utiliza en muchas aplicaciones comerciales.

Las operaciones comerciales incluyen la fijación de objetivos, la elaboración de presupuestos y la planificación, la dirección de equipos, la gestión de cuentas, la estimación de ingresos y gastos, la provisión de valor a los productos y la gestión de datos de clientes, por nombrar algunas. Cuando se utiliza en el lugar de trabajo, Microsoft Excel ayuda a que las operaciones oficiales ordinarias sean más eficaces, precisas y predecibles. Microsoft Excel tiene muchas funciones y características útiles, como filtros, gráficos, formato condicional, tablas, incluidas tablas dinámicas, y cálculos lógicos y financieros.

- **Análisis e interpretación de datos**

Cuando se trabaja para una empresa en línea o el propietario de un sitio web, el análisis de datos requiere mucho tiempo (comercio electrónico, blogs, foros, etc.). Por ejemplo, se pueden hacer varias cosas para rastrear el tráfico del sitio web, los ingresos por ventas, las opiniones de los usuarios, las técnicas de marketing, la actividad de los usuarios y los eventos. Este tipo de trabajo lleva mucho tiempo y requiere mucha deliberación, sobre todo cuando las cosas no salen según lo previsto.

El uso de la aplicación Microsoft Excel tiene varias ventajas para los propietarios de negocios y clientes en línea. Las tareas cotidianas ordinarias de filtrar los datos de los usuarios por país, filtrar los clientes por edad, aplicar fórmulas condicionales a datos extensos, etc., son tareas que pueden ayudarle.

- **Objetivos Organización y preparación**

Con la ayuda de Microsoft Excel, es posible establecer objetivos financieros, profesionales y físicos. Tener una perspectiva clara sobre algo en lo que centrarse mientras se mantiene el rumbo es útil en esta situación. Estas actividades y obligaciones se consiguen mediante hojas de cálculo, documentos de planificación y registros, todos ellos creados en Excel para llevar un seguimiento regular de los progresos y garantizar que el proyecto se complete a tiempo.

1.5 ¿Dónde puede obtener una descarga de Excel?

En el sitio web de Microsoft puede descargarse una versión diferente de Microsoft Excel. Si visita el sitio web oficial de Microsoft, puede obtener la hoja de cálculo en el siguiente enlace: **https://www.microsoft.com/en-us/ww/microsoft-365/excel.**

Puedes comprarlo o probarlo gratis. Suscríbase al boletín de noticias del sitio web. Hay muchos planes y licencias diferentes disponibles para este software. Hay licencias disponibles tanto para uso doméstico como empresarial. Consulte los planes de licencias y precios para obtener más información. Hay tres tipos diferentes de licencias disponibles con la licencia doméstica. Una para su uso particular, una segunda para una familia de 2 a 6 personas y una tercera para un estudiante, que sólo puede utilizar un único ordenador o portátil a la vez. Los precios varían para cada una, con validez de un año. Business One ofrece cuatro tipos de planes diferentes: Basic, Standard, Premium y Apps for Business. Cada plan ofrece un conjunto único de características y un conjunto único de precios para un año completo.

Las empresas los combinan para obtener diversas características y mejores funcionalidades que satisfagan sus requisitos específicos.

Capítulo 2: Microsoft Excel

2.1 Descargar Microsoft Excel

En el sitio web de Microsoft puede descargarse una versión alternativa de Microsoft Excel. Puede descargarse en https://www.microsoft.com/en-ww/microsoft-365/excel, que es el sitio web oficial de Microsoft. Puedes comprarla o probarla gratis. En el sitio web, rellene el formulario de registro. Este software se ofrece en una variedad de planes y licencias. Hay dos tipos de licencias: doméstica y de empresa; fíjate también en los planes y precios de estas licencias. Hay tres tipos de licencias para la licencia doméstica. Una es para uso personal, la segunda es para un hogar de 2 a 6 personas, y la tercera es para un estudiante que sólo puede utilizar un ordenador o portátil. Para un año, los precios son diferentes para cada una. Los cuatro tipos de planes de Business One son Basic, Standard, Premium y Apps for Business. Cada plan tiene sus propias características y costes anuales.

Las empresas los combinan para obtener diversas características y una mejor funcionalidad en función de sus necesidades.

Mejoras de seguridad en Microsoft Excel 2022

En la actualización de enero de 2022, Microsoft incluyó dos cambios de seguridad en Excel como medidas de defensa en profundidad. Estas funciones de seguridad bloquean el intercambio dinámico de datos (DDE) y activan automáticamente los objetos Object Linking and Embedding (OLE) en todas las versiones compatibles de Excel.

Intercambio de datos dinámicos (DDE)

Los controles para detener la búsqueda del servidor DDE y el lanzamiento del servidor DDE se introdujeron en todas las versiones de Excel compatibles en enero de 2018.

El lanzamiento del servidor DDE se deshabilitó en las versiones de Office 365 >= 1902 en agosto de 2019, y se habilitó la compatibilidad de la directiva de grupo tanto para la búsqueda del servidor DDE como para el lanzamiento del servidor DDE.

El lanzamiento del servidor de DDE está deshabilitado en Office 2021, aunque la compatibilidad con directivas de grupo para ambas configuraciones de DDE está disponible.

En Office 2016 y Office 2019, la actualización de enero de 2022 desactiva el servidor de DDE para lanzar en todas las versiones compatibles de Excel y añade compatibilidad de directiva de grupo para esta opción. Esta actualización no afectará a los usuarios que ya hayan especificado estas configuraciones.

2.2 Diferentes formas de descargar Excel

Comprar una suscripción a Microsoft Office

Adquiera una suscripción a Office 365. Tendrás que adquirir una suscripción a Office 365 antes de descargar Microsoft Excel para su uso a largo plazo.

En su lugar, puede descargar una versión de prueba gratuita de Office 365 para comprobarlo durante un mes.

Vaya a la sección Oficina de su cuenta. En el navegador web de su ordenador, vaya a http://www.office.com/myaccount/. Si has iniciado sesión, accederás a la página de suscripción de Office.

Si se te pide, introduce tu dirección de correo electrónico y tu contraseña si aún no has iniciado sesión.

Instalar > es el siguiente paso. En la parte izquierda de la web, hay un botón naranja.

Instalar debe estar seleccionado. Puede encontrar el botón en la parte derecha de la página. Al hacer clic en él, el archivo de instalación de Office 365 comenzará a descargarse.

Antes de que el archivo de instalación comience a descargarse, es posible que tenga que elegir un lugar para guardar o confirmar la descarga, dependiendo de la configuración de su navegador.

Instale Office 365 en su ordenador. Este paso variará en función del sistema operativo del equipo. Haga lo siguiente después de hacer doble clic en el archivo de instalación de Office:

Cuando se le pregunte, elija Sí y espere a que Office termine de instalarse. Cuando se le pregunte, haga clic en Cerrar para completar la instalación.

Haga clic en Continuar, Continuar, Aceptar, Continuar, Instalar, introduzca la contraseña de su Mac, haga clic en Instalar software y, a continuación, cierre cuando se le solicite en su Mac.

Busque Excel. Dado que Microsoft Excel se incluye con todas las ediciones de Office 365, podrás descubrirlo una vez finalizada la instalación:

Pulsa el icono de Windows en el menú Inicio y, a continuación, escribe excel para que aparezca el icono de Excel en la parte superior.

Para Mac: pulsa el icono de búsqueda en Spotlight e introduce Excel para que aparezca en la parte superior de los resultados de búsqueda.

Método de prueba gratuito

Vaya a la página de prueba gratuita de Office para empezar. En el navegador web de su ordenador, vaya a https://products.office.com/en-us/try. Si descarga la versión de prueba gratuita de Office 365, podrá usar Excel durante un mes gratis.

PRUEBA UN MES GRATIS haciendo clic en PRUEBA UN MES GRATIS. Está en la parte izquierda de la página.

Cuando se le solicite, inicie sesión en su cuenta Microsoft. Para ello, introduzca su dirección de correo electrónico y su contraseña.

Este paso puede no ser necesario si ha iniciado sesión recientemente en su cuenta Microsoft.

Siguiente debería estar seleccionado. Cerca de la parte inferior de la página, lo encontrará.

Elija un método de pago. Para introducir los datos de su tarjeta, haga clic en Tarjeta de crédito o débito, o elija una de las otras alternativas (por ejemplo, PayPal) en la sección "Elija un método de pago".

Aunque no se le cobrará por Office 365 inmediatamente, sí se le cobrará por un año de Office 365 una vez que haya finalizado el período de prueba de un mes.

Rellene los datos de pago. Rellene los datos de pago correspondientes al tipo de pago que haya elegido. En ellos figurarán la dirección de facturación, el número de tarjeta, la fecha de caducidad y otros datos de la tarjeta.

Si eliges una forma de pago distinta de la tarjeta de crédito, tendrás que introducir los datos siguiendo las instrucciones que aparecen en pantalla.

Continúe desplazándose hacia abajo y haga clic en Siguiente. Se encuentra al final de la página. Le llevará a la página de resumen.

Si ha pagado con un medio distinto de la tarjeta de crédito, es posible que se le pida que facilite sus datos de facturación y haga clic en siguiente antes de continuar.

Suscribirse es sencillo. Encontrará este enlace al final de la página. Después, accederá a la página "Oficina" de su cuenta.

Instale Office 365 en su ordenador. Realice las siguientes acciones:

- Haga clic en Instalar> en el lugar de la página en el lado izquierdo, haga clic en Instalar >.

- En el lugar de la página situado a la derecha, haga clic en Instalar.

- Haga doble clic en el archivo de instalación de Office 365 descargado.

- Siga las instrucciones de instalación que aparezcan en pantalla.

Antes de que te cobren, cancela la versión de prueba. Si no quieres que te cobren un año de Office 365 en un mes, sigue estos pasos:

- Si se le pide, vaya a https://account.microsoft.com/services/ e inicie sesión.

- Bajo el encabezado "Office 365", desplácese hacia abajo y seleccione Pago y facturación.

- En la parte derecha de la página, haga clic en Cancelar.

- Cuando se le pregunte, haga clic en Confirmar cancelación.

2.3 ¿Por qué comprar Excel?

No se puede negar que Microsoft anima a particulares y empresas a suscribirse al servicio. Los servicios basados en la nube no estarán disponibles para quienes hayan adquirido una licencia perpetua o hayan realizado un pago único. La licencia perpetua, que permite utilizar Excel 2022 para siempre, es una de las mayores ventajas de adquirirlo. Serás propietario de una licencia de Excel 2022 a perpetuidad una vez que la compres. Si elige Excel 365, alquilará una licencia para utilizar el producto. Además, al no estar vinculado a la nube, las empresas que manejan datos confidenciales utilizan con frecuencia Excel 2022. En comparación con Excel 365, varios usuarios afirman que los gráficos de embudo y las tablas dinámicas son mejores en Excel 2022.

Pros:

- Permiso perpetuo (uso indefinido de la aplicación informática)

- Es poco probable que sea pirateado.

- Se han mejorado las tablas dinámicas y los gráficos de embudo.

- Más coherencia

2.4 Extensiones de Excel

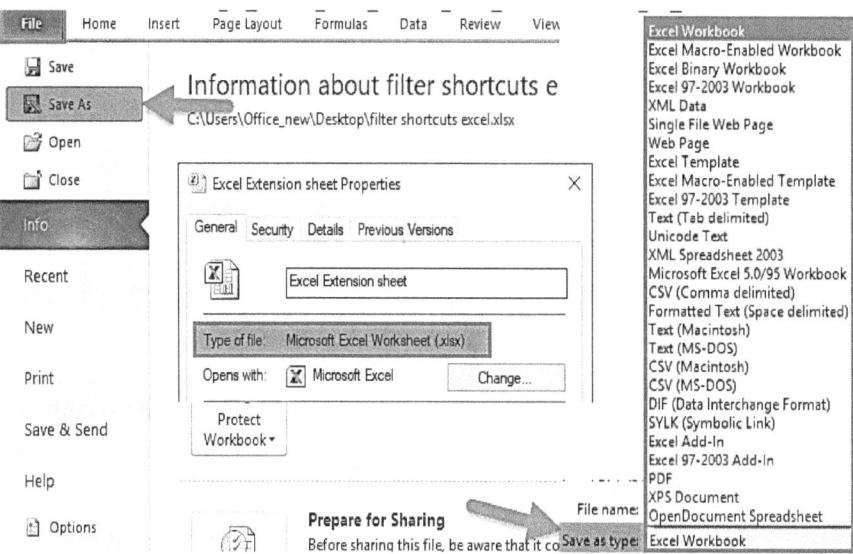

Excel es una herramienta que nos permite guardar archivos en varios formatos. La extensión.xlsx es una extensión estándar de Excel para almacenar tipos básicos de datos. Otra extensión por defecto que se utilizaba hasta MS Office 2007 es XLS. Tenemos XLSM para almacenar código VBA. Está diseñado específicamente para macros. CSV (Comma Separated Values) es otra extensión que delimita los datos separados por comas. La extensión XLSB se utiliza para comprimir, almacenar y abrir archivos, entre otras cosas.

Por ejemplo, el nombre de archivo "XYZ.doc" contiene una extensión de archivo ".doc", una extensión de archivo de documento. Las extensiones de archivo de Excel son muy variadas. Empezaremos por el tipo de archivo más frecuente:

La extensión del archivo Excel es XLS.

Es la forma de extensión más popular y predeterminada en las hojas de cálculo de Microsoft Office. XLS era la extensión de archivo antes de Excel 2007. Esta extensión hace referencia a un archivo que incluye diversos datos, formatos e imágenes, entre otras cosas. Con la ayuda de una extensión, el sistema operativo detecta el tipo de archivo y lo abre en el programa Excel. Desde Excel 2.0 hasta Excel 2003, el formato de archivo XLS es el predeterminado.

La extensión del archivo Excel es XLSX.

Esta extensión la utilizan los archivos de hoja de cálculo creados con Excel 2007 y versiones posteriores. La extensión de archivo predeterminada actual para un archivo de Excel es XLSX.

El formato de archivo XSLX se basa en XML. Gracias a esta técnica, el formato de archivo XSLX es mucho más ligero y pequeño que el formato de archivo XLS, lo que supone un importante ahorro de espacio en comparación con este último. Descargar y cargar documentos Excel lleva menos tiempo. El único inconveniente de esta extensión XSLX es que es incompatible con archivos creados antes de Excel 2007.

Extensión de archivo Excel XLSM

Esta extensión de archivo la crean las hojas de cálculo a partir de Excel 2007 y que contienen macros de Excel.

Es sencillo reconocer que un archivo incluye una macro con la ayuda de la extensión. Esta versión existe por motivos de seguridad y protege un archivo de virus informáticos, macros dañinas, máquinas infectadas y otras amenazas. En términos de macros y seguridad, esta extensión de archivo es extremadamente fiable.

Extensión de archivo Excel XLSB

Este tipo de extensión de archivo permite comprimir, almacenar y abrir archivos Excel que contienen una gran cantidad de datos o información.

Abrir y procesar un archivo Excel que contiene una gran cantidad de datos lleva mucho tiempo. A veces se cuelga mientras se abre y se bloquea con regularidad.

¿Cómo cambiar el formato o la extensión de un archivo Excel?

Siga las siguientes instrucciones para cambiar la extensión del archivo:

Abra la hoja de cálculo cuyo formato desea modificar.

Seleccione ARCHIVO en el menú desplegable.

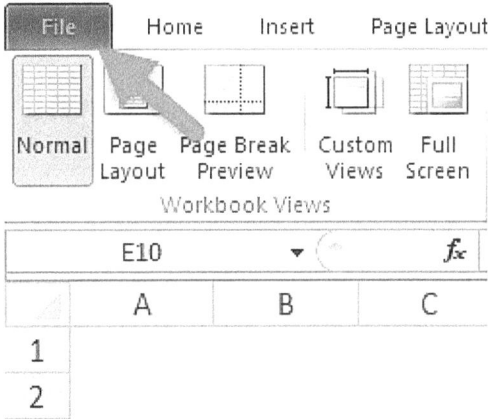

Se abrirá una ventana con un panel izquierdo. Este panel tiene un gran número de opciones. Eche un vistazo a la siguiente imagen.

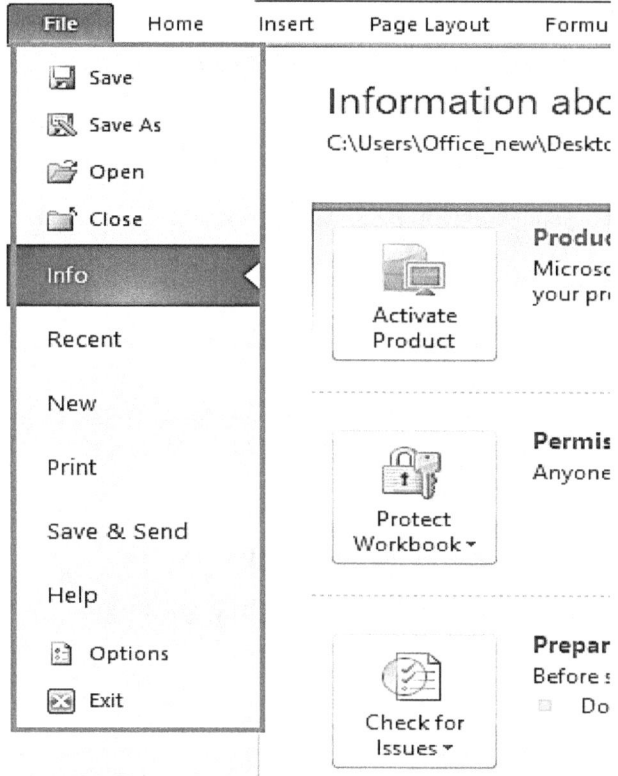

Como se ilustra a continuación, elija la opción Guardar como.

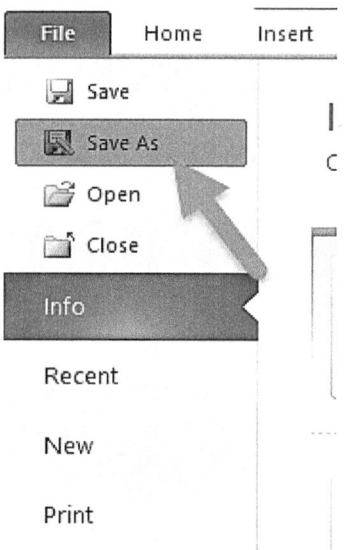

Aparecerá una ventana de diálogo, como se ilustra a continuación.

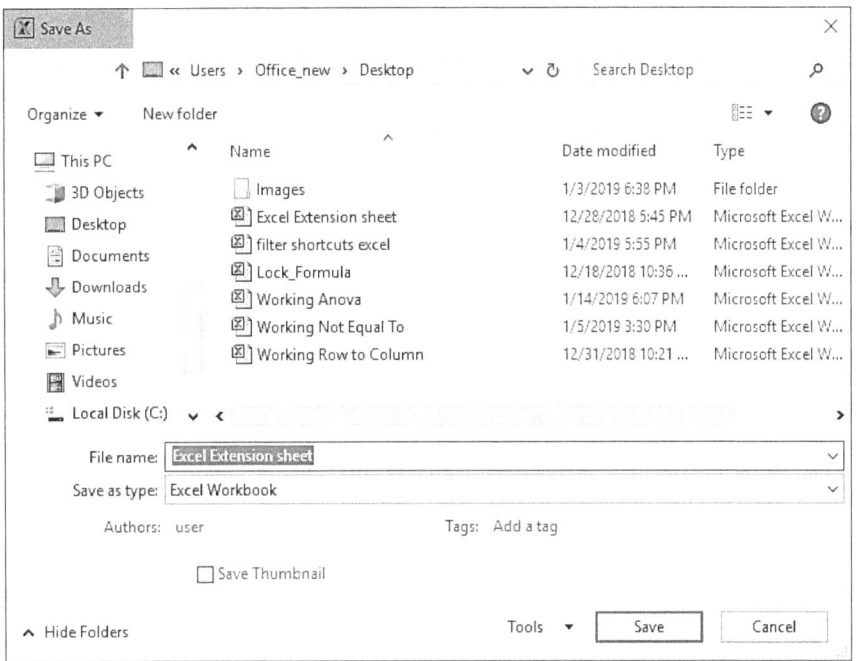

Ahora debes decidir dónde almacenar el archivo en tu computadora. Hecha un vistazo a la imagen de abajo.

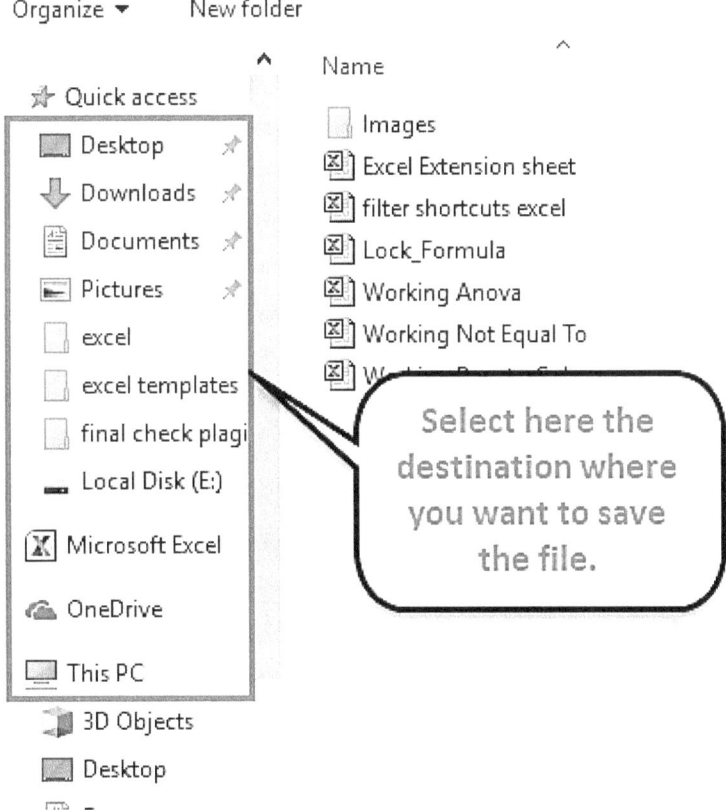

Hemos elegido el Escritorio como ubicación para almacenar este archivo.

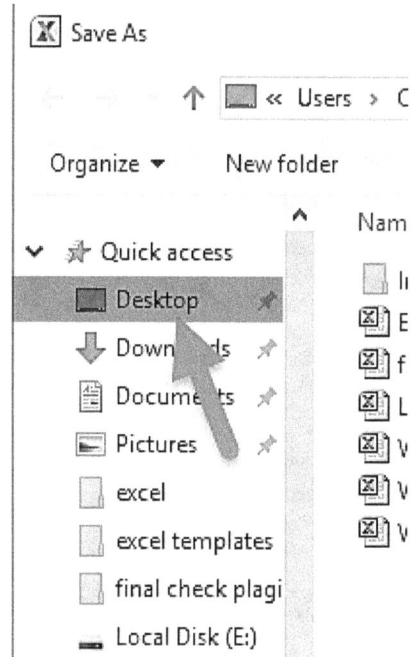

Introduzca el nombre de archivo del libro de trabajo en el área Nombre de archivo.

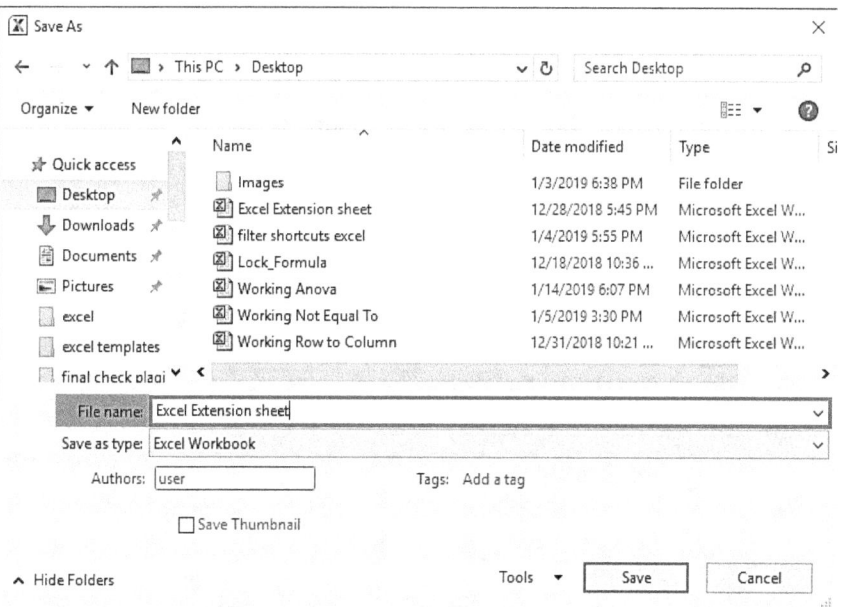

Debemos elegir un formato de archivo en el área Guardar como tipo.

Al hacer clic en Guardar como tipo archivado, aparece una lista de formatos, como se ilustra a continuación.

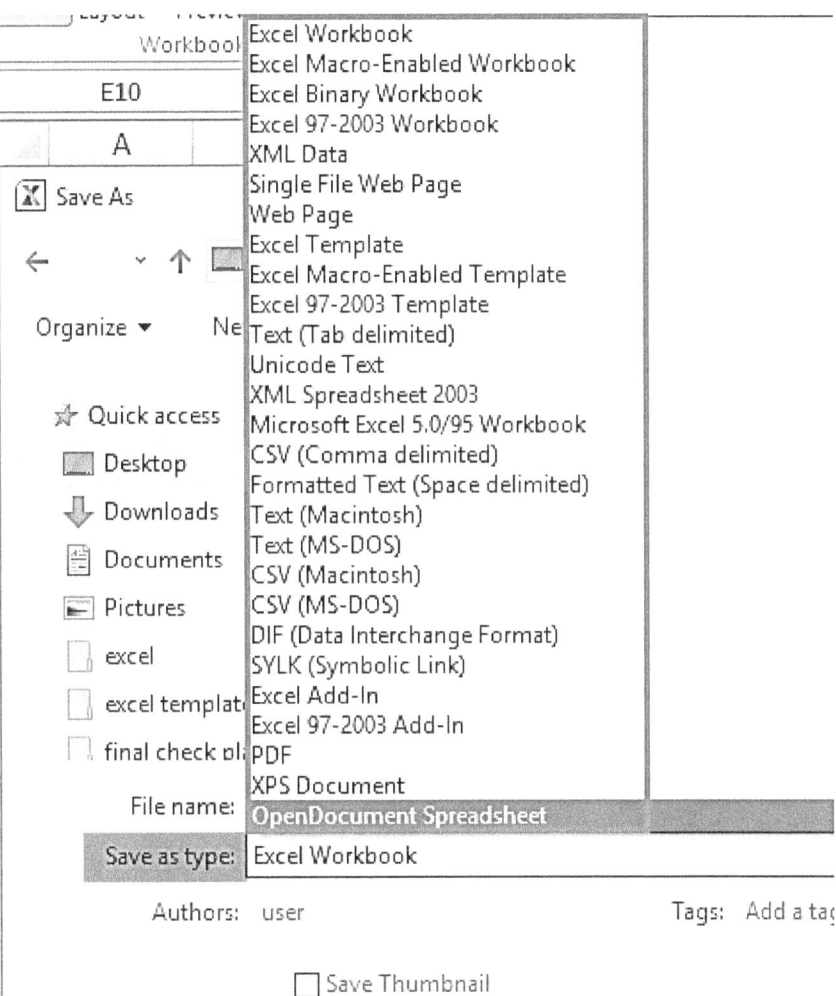

Elige el formato de archivo y haz clic en el botón Guardar para mantener a salvo la información del archivo.

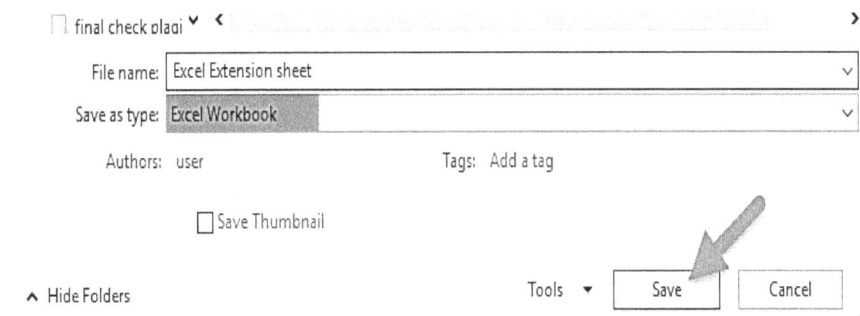

El archivo se guardará con la extensión

Capítulo 3: Interfaz Excel

La cinta de opciones, una tira de botones situada en la parte superior de la ventana del programa, es importante para la interfaz de Excel. La cinta está dividida en pestañas, cada una de las cuales tiene una colección de controles, y esta nomenclatura se utiliza para indicar dónde se encuentran las herramientas. Por ejemplo, la pestaña Inicio, el grupo Tipo y el botón negrita aplican la fuente negrita al rango especificado.

La interfaz de Microsoft Excel incluye campos, filas, columnas, barras de comandos y otras características. La cinta multiuso, que ocupa la mayor parte de la interfaz, es un ejemplo de elemento que realiza varias funciones diferentes. La barra de fórmulas y el campo Nombre son dos aspectos menos funcionales pero útiles. En esta sesión se revisará la interfaz de Microsoft Office Excel y se desglosará cada componente.

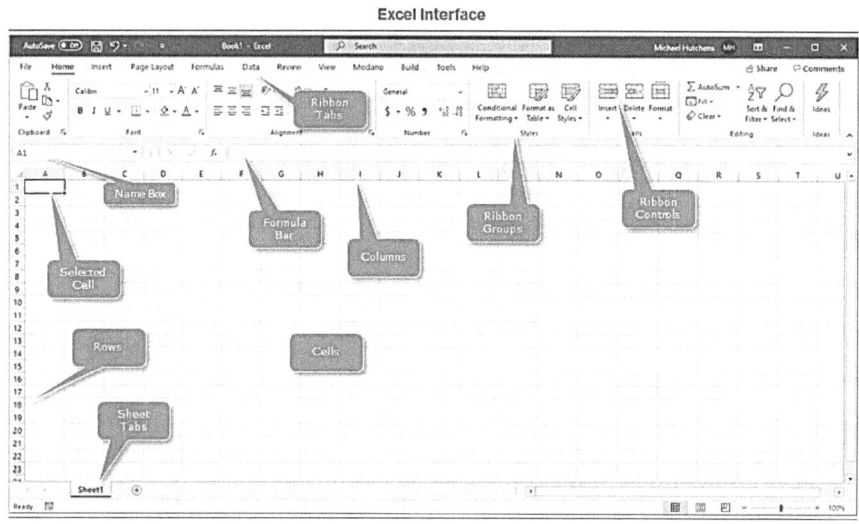

Excel 2022 es un programa de hojas de cálculo para Microsoft Office que permite almacenar, organizar y analizar datos. Se equivoca si cree que los especialistas utilizan Excel exclusivamente para realizar tareas complicadas. En realidad, cualquiera puede utilizar las funciones de Excel al máximo para resolver problemas.

La pantalla Inicio aparece cuando se inicia Excel por primera vez. Desde este menú puede iniciar un nuevo libro, elegir una plantilla o acceder a uno de los libros anteriores.

Para ver la interfaz de MS Excel, localice y ejecute Libro en blanco en la pantalla de inicio. Aparecerá ante usted la interfaz de Microsoft Excel.

3.1 Pestañas Excel

Archivo

En la pestaña Archivo se encuentran los aspectos operativos de la hoja de cálculo de Excel. La sección INFO permite a los usuarios establecer una contraseña a su libro de trabajo para evitar que otros lo modifiquen mientras ellos no están. Los usuarios también pueden comprobar sus libros de trabajo para ver si su tamaño de fuente es adecuado para las personas con problemas de visión.

Podemos utilizar la opción NUEVO para crear una nueva hoja de trabajo distinta de aquella en la que estamos trabajando. También podemos utilizar el atajo de teclado Ctrl+N, que se pronuncia control N.

Podemos utilizar la opción ABRIR para abrir y trabajar en una hoja de cálculo previamente utilizada o existente. Al elegir abrir, aparece un directorio (carpeta) que nos permite elegir la ubicación del archivo que queremos abrir y, a continuación, el propio archivo.

La opción GUARDAR almacena nuestro libro de trabajo, actualizándolo cada vez que se guarda. Ctrl+S es la tecla de acceso directo. También tenemos las opciones de imprimir, compartir, exportar y cerrar. Sin embargo, es posible que nunca hayas necesitado utilizar estas alternativas en primer lugar.

Barra de herramientas de acceso rápido

La Barra de Herramientas de Acceso Rápido se encuentra en un lugar de la esquina superior izquierda del programa Excel y otras suites de MS Office. Guardar, Deshacer y Rehacer son los comandos por defecto de la Barra de Herramientas de Acceso Rápido. Los iconos Guardar, Repetir y Deshacer están en la barra de herramientas por defecto. Haz clic en la pequeña flecha hacia abajo situada en el extremo derecho de la barra de herramientas para abrir un cuadro de diálogo de personalización en el que podrás añadir o eliminar los distintos iconos de la barra de herramientas.

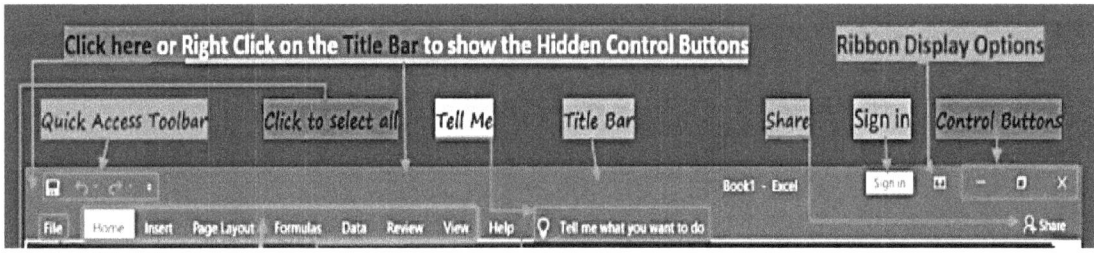

Dime

El cuadro de búsqueda Dime en la interfaz de usuario de Microsoft Excel le permite encontrar comandos de forma rápida y sencilla sin tener que ir a

a una pestaña o grupo de la cinta de opciones. Cualquier nombre de comando que desee utilizar o aplicar a la Hoja/Documento puede escribirse aquí.

Barra de título

El nombre actualmente en uso se muestra en la barra de título, que se encuentra en la parte superior del programa de hoja de cálculo Excel (suite MS-Office). La barra de título incluye el nombre del libro de trabajo en el centro. El título del libro de trabajo es lo que denominamos aquí.

Iniciar sesión - Interfaz de usuario de Excel

La cuenta gratuita de Microsoft se utiliza para comprar, activar y utilizar los servicios de Microsoft. El servicio permite almacenar y recibir documentos desde cualquier lugar. Esta cuenta también puede acceder a One Drive, Skype y Microsoft Store.

Compartir - Interfaz de usuario para MS Excel

Esta opción aparece en la esquina superior derecha, detrás del botón de cerrar. Al compartir con caring, puede guardar su trabajo en varias plataformas. Estas plataformas incluyen Google Cloud, One Drive, Correo electrónico, Blogs y Personas.

Cinta

La cinta de opciones es el principal elemento de trabajo de la interfaz de Microsoft Excel e incluye todas las instrucciones necesarias para realizar las operaciones más básicas. La cinta está dividida en pestañas, cada una con muchos grupos de comandos.

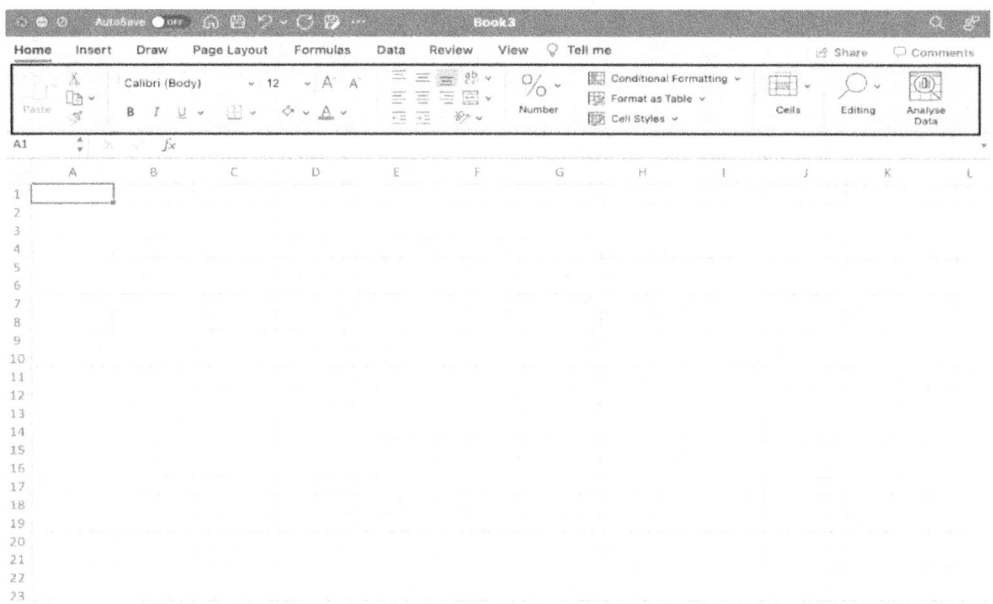

Fichas de la cinta de Excel

La cinta de opciones de Excel tiene nueve pestañas. Archivo, Inicio, Insertar, Diseño de página, Fórmulas, Datos, Revisar, Ver y Ayuda son las opciones disponibles. Añade pestañas adicionales con tus botones de comando preferidos para crear una cinta personalizada.

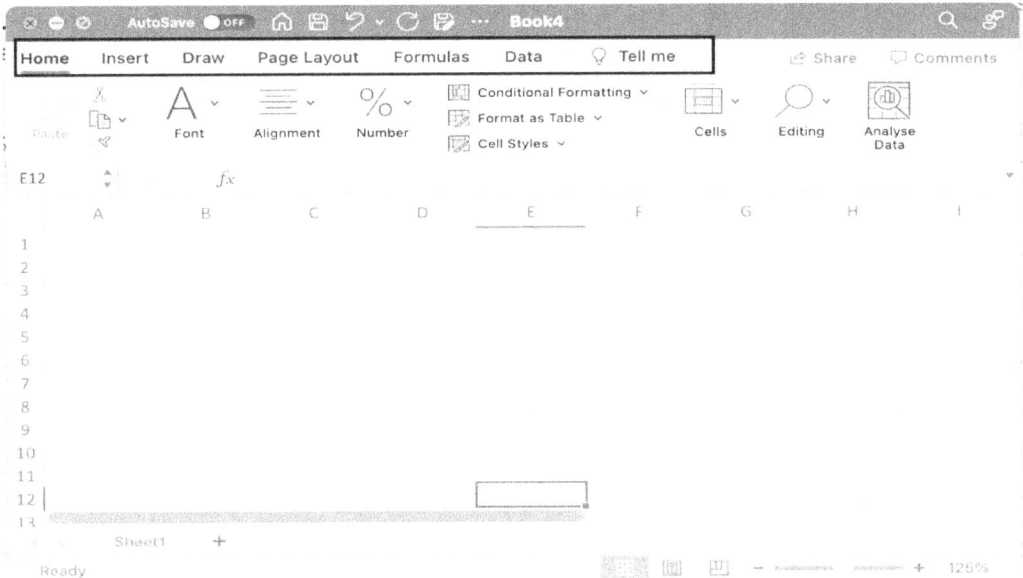

Inicio

En esta pestaña se encuentran los comandos más utilizados, como copiar y pegar, buscar y reemplazar, ordenar, filtrar y dar formato a los datos.

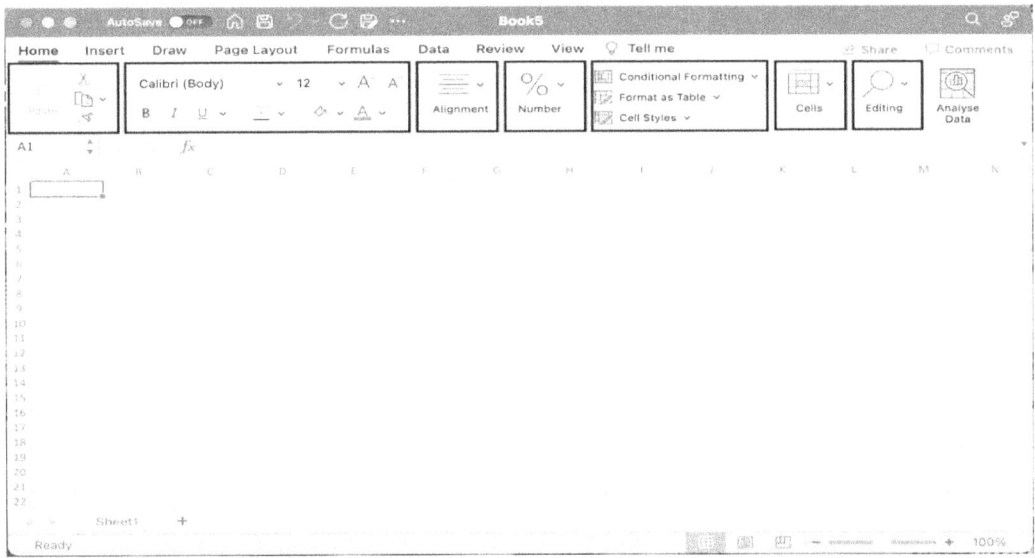

La interfaz por defecto de Excel es la pestaña de inicio. En ella hay varias cintas, como Copiar (Ctrl+C), Cortar (Ctrl+X) y Pegar (Ctrl+V), que están disponibles desde el portapapeles. Además, el pintor de formatos nos permite formatear un gráfico completo, un conjunto de datos u otro objeto con sólo dos clics. Como su nombre indica, el portapapeles funciona de forma similar a un documento de texto (blanco o de pizarra), ya que todo lo que copies, cortes o formatees artísticamente se coloca allí temporalmente (como copia de seguridad) hasta que lo pegues donde desees. Por eso puedes copiar y luego pegar de un libro a otro (aunque el libro esté cerrado), o de una página a otra, o de Excel a Word o PowerPoint, y viceversa.

La cinta de fuentes ofrece herramientas de fuentes como el nombre y el tamaño de la fuente. Le permite utilizar "Negrita, Cursiva o Subrayado" en su texto. También puede elegir un color de fuente y un color de relleno diferentes.

El color de la fuente es negro por defecto, pero puede cambiarlo a rojo o verde utilizando Excel. El color de relleno es el mismo que el de la celda donde se escriben los datos.

Alineación: La cinta de alineación, como su nombre indica, ofrece opciones para alinear nuestras palabras y números a la izquierda, derecha, centro, arriba o abajo. Podemos utilizar la orientación para inclinar nuestro texto diagonal o verticalmente si nuestras columnas son extremadamente pequeñas y el título de la columna es más largo que la anchura. También están disponibles las opciones "Envolver texto" y "Combinar y centrar". Más adelante exploraremos cómo funcionan en la práctica.

Las opciones de formato para cifras numéricas y no numéricas están disponibles en la cinta Número. Tenemos alternativas como Texto, Número, Moneda, Hora, Contabilidad, Fecha corta y larga, Porcentaje, Fracción y Científico además del formato por defecto de General. También tenemos un formato específico para los números que necesitan un formato adicional. Esto implica que cuando se formatea '345' como Moneda, el signo Naira (o cualquier otra moneda internacional) debe mostrarse delante. Y si formateas 0,23 como porcentaje, se convierte en 23%. El decimal de los números enteros puede aumentarse o disminuirse.

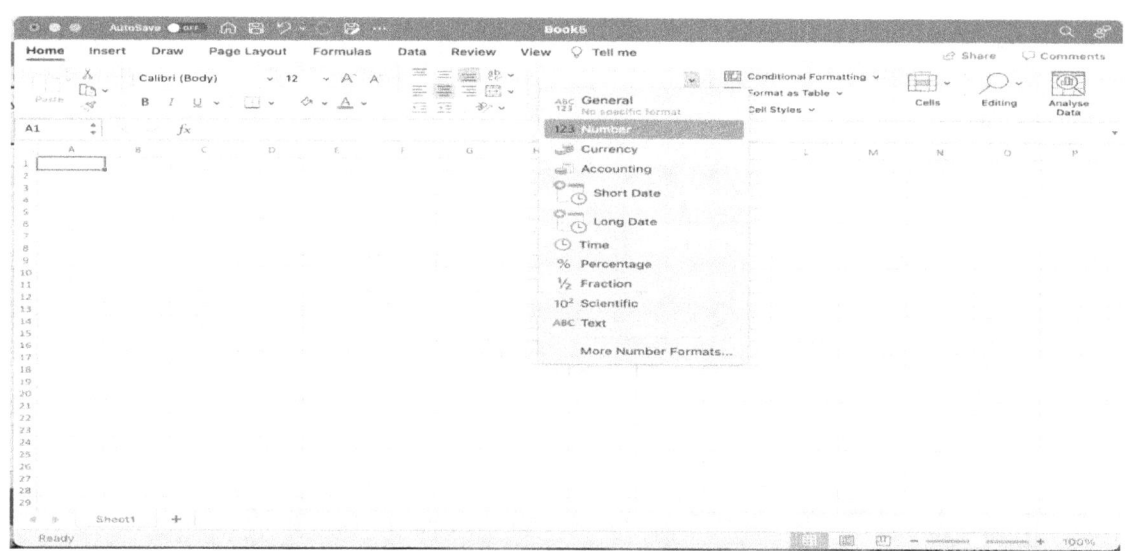

Estilos: Podemos descubrir opciones en esta cinta que nos ayuden a dar formato a nuestros escritos con criterio. Por ejemplo, podemos dar estilo a nuestra hoja de trabajo de forma que cualquier valor superior a cincuenta se coloree con el color que elijamos. Otra posibilidad es que una celda contenga una flecha verde que indique beneficios y una flecha marrón que indique pérdidas. En lugar de una matriz de datos, podemos formatear nuestro conjunto de datos como una tabla. Ctrl+T es un atajo de teclado para dar formato a una tabla. Colores, cursiva, encabezados y otras opciones de formato están disponibles para nuestras celdas.

Celda: La cinta de celdas ofrece opciones como Insertar (una nueva celda entre las celdas existentes), Eliminar (que elimina las celdas resaltadas) y Formato (que permite a los usuarios ajustar la altura o anchura de las filas o columnas de las celdas).

Edición: La cinta Edición dispone de funciones aritméticas rápidas como Autosuma, que suma todos los números enteros de una fila o columna. Para borrar todos los valores elegidos, haga clic en Borrar. Las opciones son ordenar y filtrar. Buscar (Ctrl+F) y Reemplazar (Ctrl+H).

Comandos

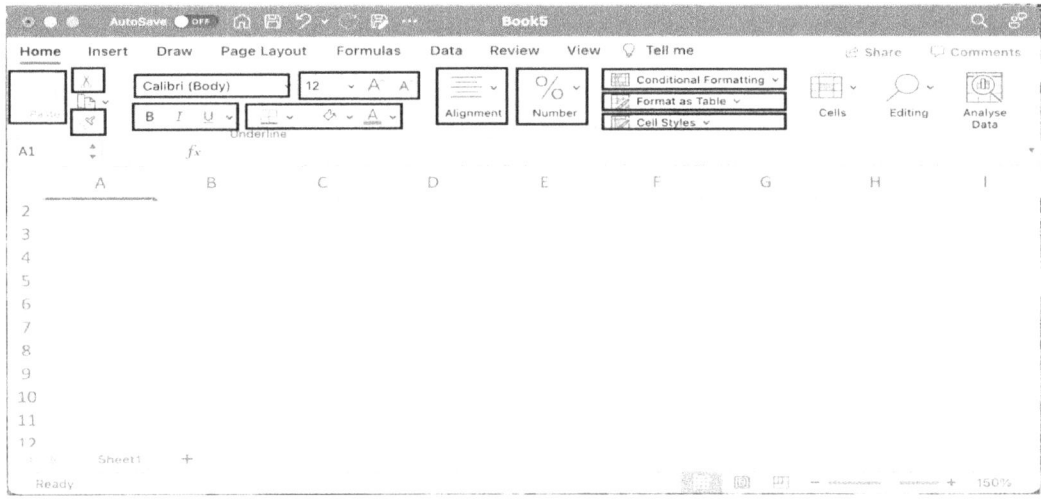

El mando pertenece a un grupo. Además, tendrá acceso a un determinado trabajo. Por ejemplo, el grupo Fuente incluye negrita, cursiva, subrayado y otras instrucciones.

Nombre de Caja

En una hoja de cálculo Excel, el cuadro de nombre permite examinar la referencia (dirección) de una celda o rango de celdas y establecer el nombre de dicha celda o rango de celdas.

Funciones para insertar

Obtiene el resultado deseado utilizando una determinada función en función de sus entradas. Es una de las funciones de Excel (Introducción e interfaz de usuario de MS-excel).

Fórmula Bar

Puede inspeccionar y modificar la función o fórmula que se aplica a cualquier celda de la hoja para cualquier cálculo en la barra de fórmulas.

La barra redimensionable situada encima de las columnas de una hoja Excel se conoce como barra de fórmulas. Para mejorar los gráficos, todo lo que introducimos en cualquier celda se muestra encima de ella. Es ideal para dar formato a las fórmulas antes de pulsar Intro (ejecutar).

El cuadro de función de su izquierda es donde elegimos las funciones que deseamos realizar. Supongamos que buscas los valores numéricos medio (media), mínimo (MIN) o máximo (MAX) de un lote de datos.

Encontrará el cuadro de nombres justo a la izquierda. Te muestra e informa de la celda en la que te encuentras, como A1.

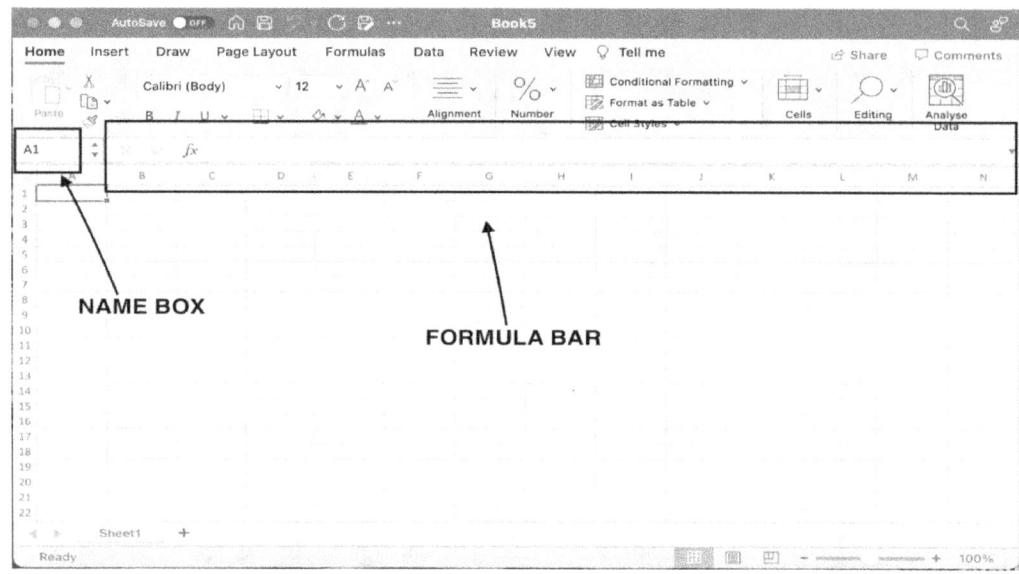

Encabezados de filas y columnas

La columna está formada por líneas verticales de color gris claro que llevan las letras utilizadas para identificar cada columna en una hoja de cálculo. Tiene una cabecera de columna en la parte superior (encima de la primera fila). Cada fila de una hoja de cálculo está identificada por un grupo de líneas horizontales de color gris claro con el número utilizado para identificar cada fila. El encabezado de fila aparece en la parte superior de la página (a la izquierda de la primera columna). No puedes usar la función de autocompletar de Excel si no tienes Encabezados de Fila y Columna. Es una de las características más significativas de Excel (Introducción e interfaz de usuario a MS-excel).

Barra de desplazamiento vertical/horizontal

La barra de desplazamiento se utiliza para ver la hoja de trabajo en cualquier área desplazándose hacia arriba, abajo, izquierda o derecha utilizando la barra de desplazamiento Vertical u Horizontal.

Opciones de vista de página

Las opciones de vista de página se pueden observar en la parte derecha de la pantalla, con una en la barra de tareas. Estas son ordinarias:

Normal: Es la vista por defecto en la hoja de cálculo, y es más sencillo trabajar en este modo.

Diseño de página: La hoja de trabajo se separa en varios tamaños de página para la vista previa de impresión en el modo Diseño de página.

Vista previa del salto de página: La vista previa de salto de página muestra la hoja de trabajo como páginas individuales con contenido para examinar cómo aparece una página.

Barra deslizante/de herramientas de zoom

Utiliza el control deslizante Zoom, que aparece en la esquina inferior derecha del libro de trabajo, para acercar o alejar una hoja de cálculo Excel al tamaño adecuado.

Seleccionar todo con un solo clic

Para seleccionar toda la hoja de cálculo, haga clic en la parte superior izquierda del área común (Debajo del Cuadro de Nombre) de los Encabezados de Columna y Fila. Ctrl + A es lo mismo.

Líneas de cuadrícula

Las líneas de cuadrícula son un conjunto de líneas horizontales y verticales de color gris claro en una hoja de cálculo.

Celda

En el entorno de hoja de cálculo Microsoft Excel, una celda está compuesta por la intersección de filas y columnas de una hoja de cálculo.

Dirección celular

La letra de columna identifica la posición de una celda, mientras que el número de fila es la dirección o referencia de la celda.

Célula activa

Una celda en negrita con un contorno negro es una Celda Activa. Una celda activa es una marca distinguible que le permite introducir y modificar datos.

Ficha de hoja/hoja activa

El nombre de la pestaña de la hoja está en negrita y se muestra en la esquina inferior izquierda del libro de trabajo mientras se está utilizando la hoja de cálculo elegida.

Rango de celdas

Un rango de celdas se define como más de dos celdas elegidas horizontal o verticalmente en el entorno de hoja de cálculo de Microsoft Excel.

Fichas en las hojas

Las fichas de hoja son los nombres de las hojas que emergen de la esquina inferior izquierda de la hoja de trabajo en el entorno de hoja de cálculo de Microsoft Excel.

Ficha Insertar

La pestaña Insertar se utiliza sobre todo para visualizar datos. El uso de imágenes, gráficos y mapas en 3D implica dar vida a los datos. Tabla dinámica en la pestaña Insertar puede ser todo lo que necesites como principiante. Como resultado, iremos a la pestaña Datos.

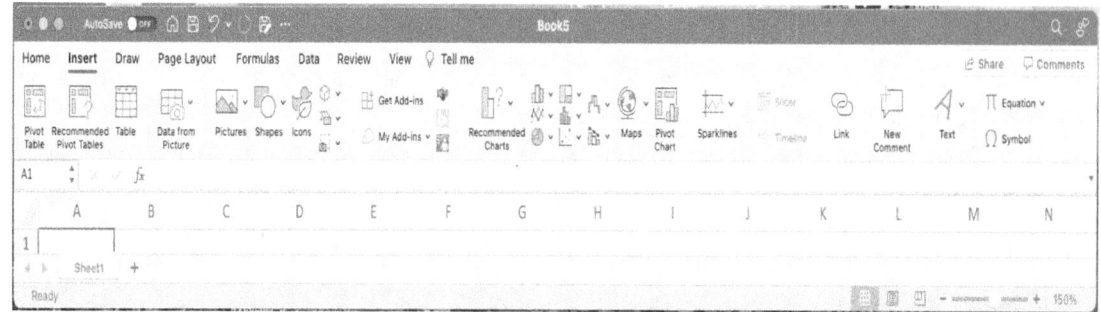

Diseño de página

Esta pestaña se utiliza para configurar las páginas e imprimirlas. Controla el diseño, los márgenes, la alineación y el área de impresión de la hoja de cálculo.

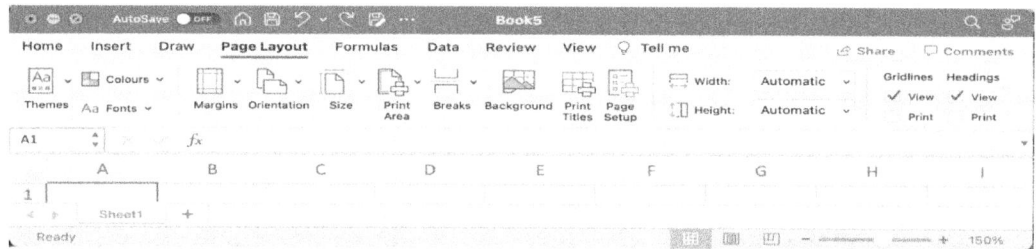

Fórmulas

Esta pestaña permite introducir variables de nombres de funciones y modificar los valores de los parámetros de cálculo. Se encarga de las opciones de cálculo.

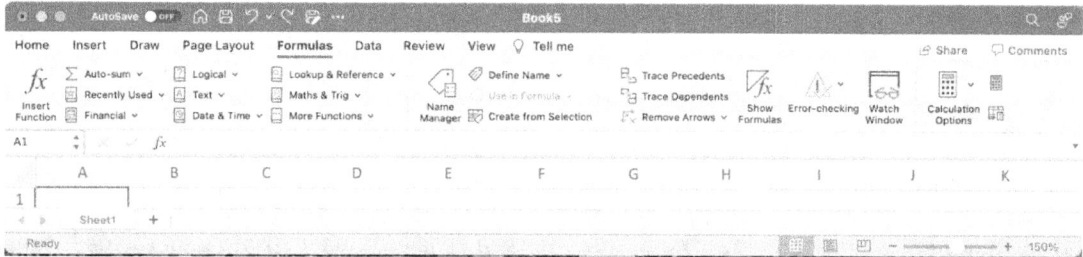

Datos

Esta pestaña incluye controles para manipular los datos de la hoja de cálculo y conectarse a otras fuentes de datos. Tiene funciones para ordenar, filtrar y modificar datos.

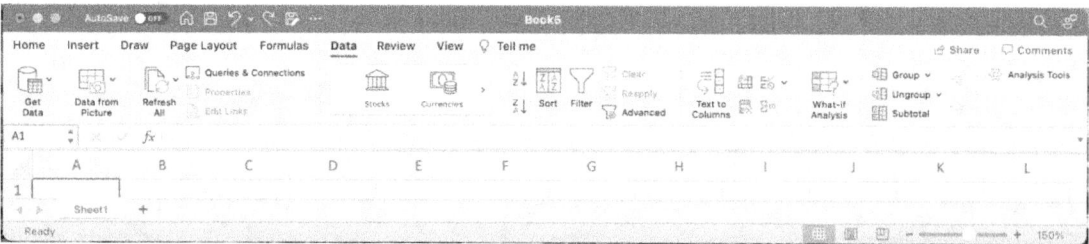

Revisar

Esta pestaña proporciona principalmente funciones para verificar las ortografías, documentar los cambios, hacer notas y comentarios, y compartir y salvaguardar las hojas de trabajo en los libros de Excel.

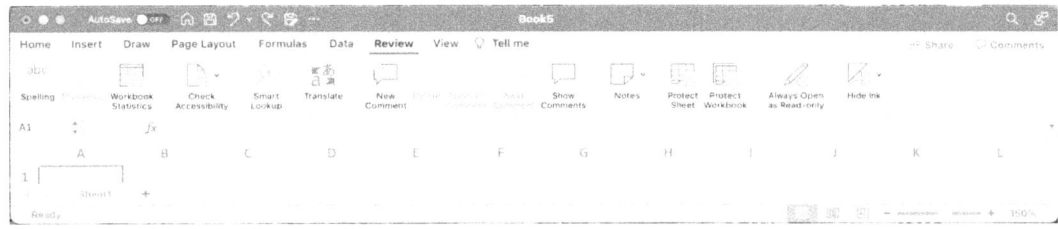

ver

Cambiar entre hojas de cálculo, ver hojas de cálculo de Excel, congelar paneles y organizar y gestionar numerosas ventanas es posible desde la pestaña Ver.

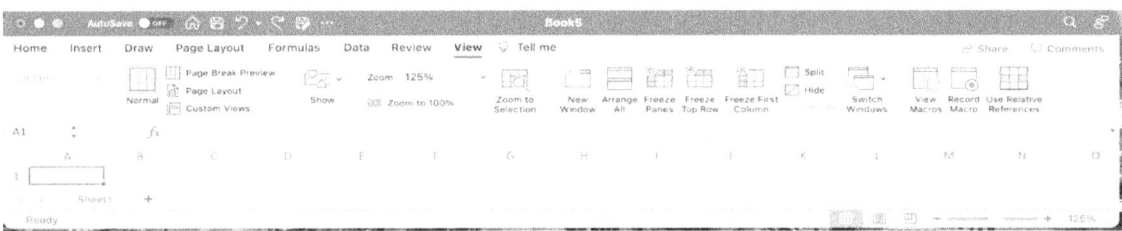

Ayuda

Esta función solo está disponible en Microsoft Excel 2019 y 365. Esta pestaña abre el panel de tareas de Ayuda, que le permite ponerse en contacto rápidamente con el soporte técnico de Microsoft, proporcionar comentarios y ver vídeos de formación. En la cinta de opciones de Excel, una pestaña adicional no está accesible de forma predeterminada. El desarrollador es el término para esto. A la pestaña

Se puede acceder a la pestaña de desarrollador seleccionando la pestaña Archivo, luego dirigiéndose a Opciones, seleccionando "Cinta personalizada", seleccionando la opción de desarrollador, marcando la casilla y haciendo clic en Aceptar.

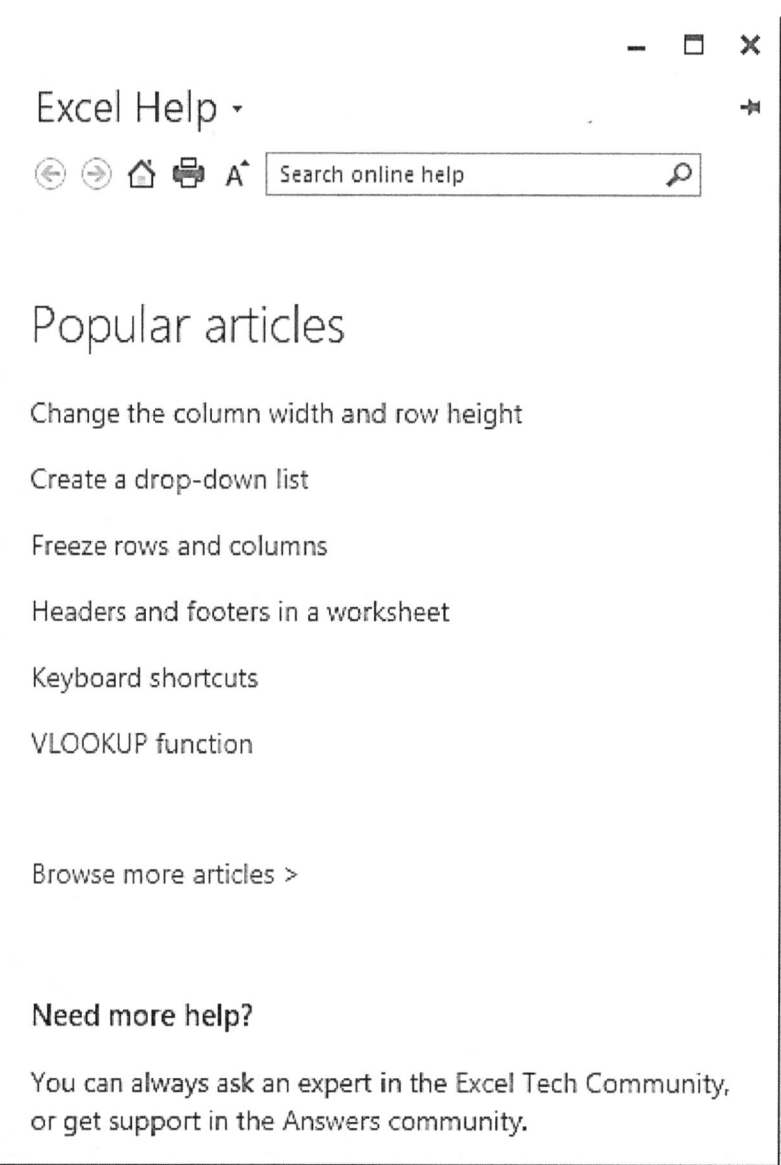

Capítulo 4: Fórmulas Excel

Es evidente que para la mayoría de los profesionales del marketing, intentar organizar y analizar hojas de cálculo en MS Excel es como chocar contra un muro de ladrillos. Mientras recreas físicamente columnas y garabateas largas matemáticas en una hoja de papel, piensas: "Tiene que haber una forma más sencilla de hacer esto".

En este sentido, Microsoft Excel puede ser exigente. Por un lado, es una herramienta excelente para analizar y hacer un seguimiento de los resultados de marketing. Por otro, si no tienes la experiencia adecuada, es fácil que trabaje en tu contra. Por ejemplo, Microsoft Excel ejecutará aproximadamente una docena de fórmulas importantes por ti, evitándote tener que rebuscar entre miles de celdas en tu escritorio.

4.1 ¿Qué son las fórmulas de Excel?

Puede utilizar fórmulas de Microsoft Excel para detectar asociaciones entre los valores de las celdas de su hoja de cálculo, realizar cálculos matemáticos sobre esos valores y, a continuación, devolver el resultado a la celda elegida. Las fórmulas como la suma, la resta, el cociente, el agregado, el promedio y las fechas/horas de eventos pueden ejecutarse automáticamente.

Las fórmulas de Microsoft Excel te permiten calcular números mientras das sentido a grandes cantidades de datos. Puedes hacer mucho en Microsoft Excel dominando unas pocas fórmulas clave, lo que puede aumentar la productividad y minimizar la probabilidad de cometer errores de medición. Para ayudarte a empezar, aquí tienes una colección de fórmulas de Microsoft Excel.

Hay algunas fórmulas complicadas, pero una buena fórmula no debería serlo. En realidad, algunas de las fórmulas más útiles son las que pueden ayudarte a utilizar plenamente las funciones de Microsoft Excel.

Una fórmula en Excel es una expresión que trabaja con valores en un rango de celdas o en una sola celda. Por ejemplo, =A1+A2+A3 calcula la suma de los valores de las celdas A1 a A3.

4.2 En Microsoft Excel, Cómo insertar fórmulas:

Puede que no estés seguro de lo que significa la pestaña "Fórmulas", que se encuentra en la barra de herramientas de navegación superior de Microsoft Excel. En las versiones actuales de Microsoft Excel, el menú horizontal - que se ve a continuación - le ayuda a encontrar e insertar fórmulas de Microsoft Excel en celdas específicas de su hoja de cálculo.

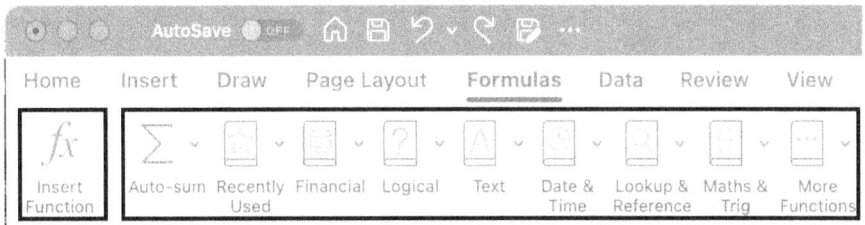

Cuanto más utilices las fórmulas de Microsoft Excel, más rápido serás capaz de recordarlas y ejecutarlas a mano. No obstante, puedes utilizar los símbolos anteriores como guía de referencia para las fórmulas que puedes buscar y a las que puedes volver a medida que crezcan tus habilidades con las hojas de cálculo.

En Microsoft Excel, las fórmulas se conocen a veces como "funciones". Para añadir una a tu hoja de cálculo, elige una celda en la que se necesite una fórmula y toca el botón "Insertar función" en el extremo izquierdo para buscar fórmulas y funciones básicas. La ventana del buscador tendría este aspecto:

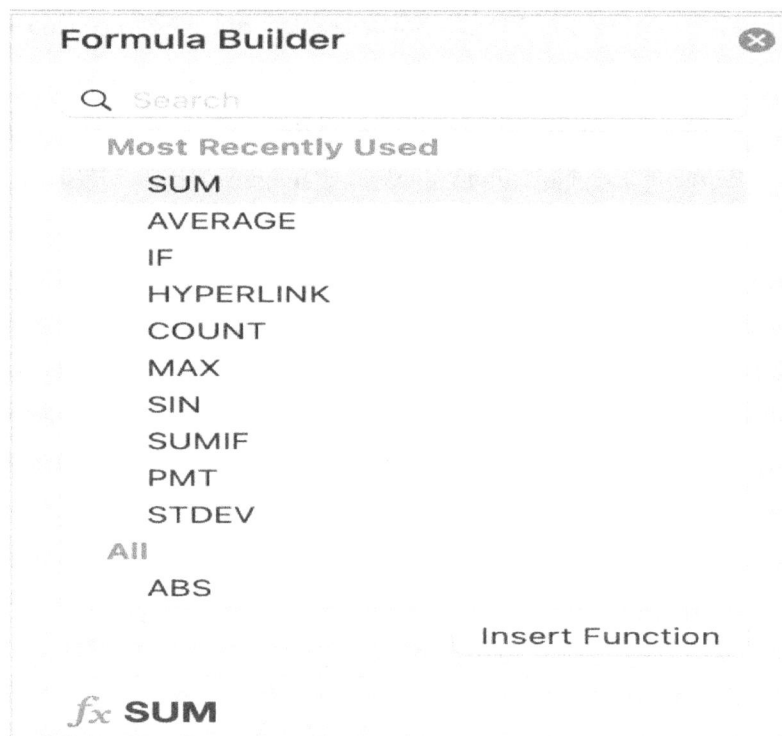

Como se ve en la ventana anterior, haz clic en "Insertar función" hasta que encuentres una fórmula que te sirva.

Para insertar la fórmula por el método simple

Para introducir una fórmula, siga estos pasos.

1. Comience seleccionando una celda con la que trabajar.

2. Para indicar a Excel que desea introducir una fórmula, utilice el signo igual (=).

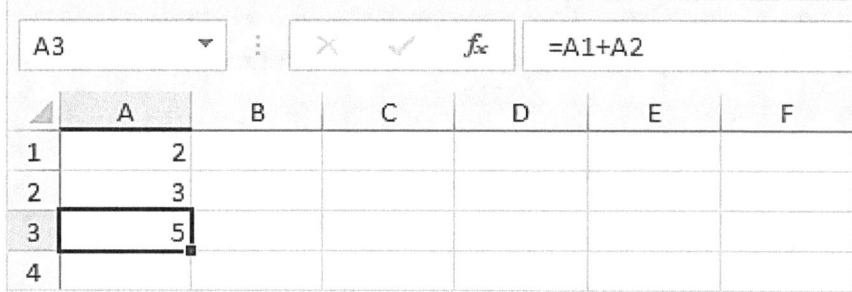

3. Como ejemplo, escriba la fórmula A1+A2.

4. Cambia el valor de la celda A1 a 3.

5. Excel actualiza automáticamente el valor de la columna A3.

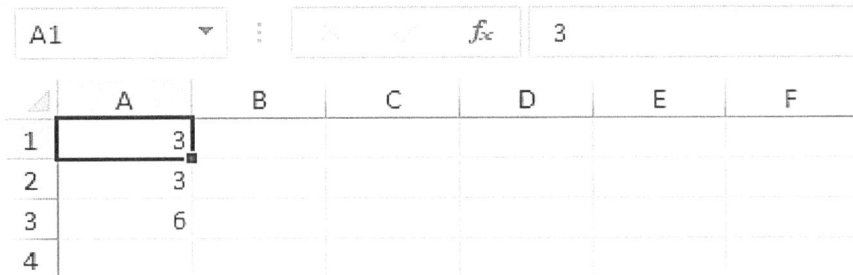

Para modificar una fórmula

Al hacer clic en una celda de Excel, el valor o la fórmula de esa celda aparece en la barra de fórmulas.

1. Haga clic en la barra de fórmulas y realice las modificaciones necesarias para actualizar una fórmula.

2. Pulsa la tecla Intro del teclado.

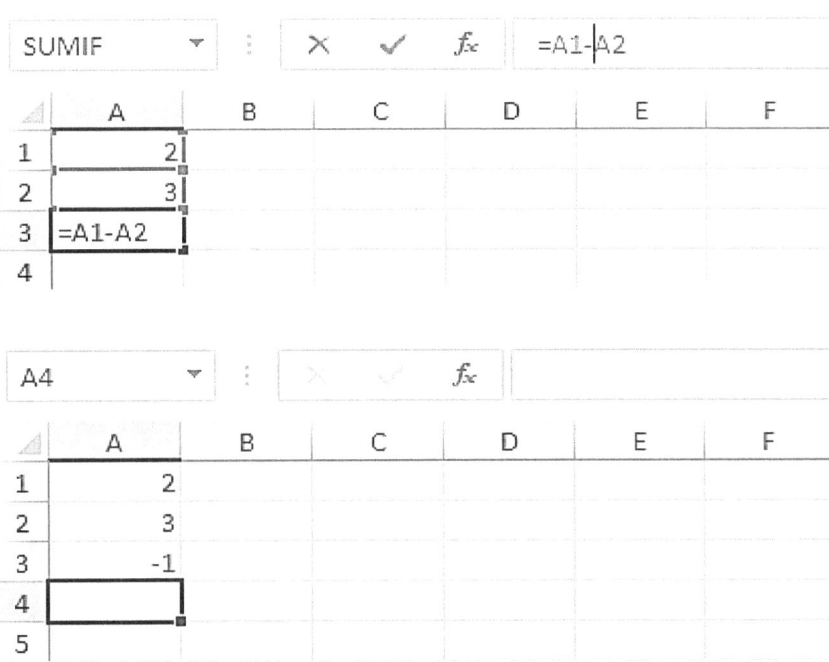

Prioridad del operador

Se configura el orden por defecto en el que se realizan los cálculos en Excel. Se calculará primero si una parte de la fórmula se incluye entre paréntesis. Después, realiza los cálculos de multiplicación y división. Cuando termine, Excel sumará y restará el resto del cálculo. Observa el ejemplo situado a la derecha.

A4	▼	:	×	✓	fx	=A1*A2+A3	

◢	A	B	C	D	E	F
1	2					
2	2					
3	1					
4	5					
5						

Para empezar, Excel multiplica los valores (A1 * A2). A continuación, Excel añade el valor de la columna A3 a este resultado.

A4	▼	:	×	✓	fx	=A1*(A2+A3)	

◢	A	B	C	D	E	F
1	2					
2	2					
3	1					
4	6					
5						

Crear una fórmula copiando y pegando

Cuando copias una fórmula, Excel cambia automáticamente las referencias de celda para cada celda en la que se copia la fórmula. Para comprenderlo mejor, realiza las tareas que se indican a continuación.

1. En la celda A4, introduce la siguiente fórmula.

A4	▼	:	×	✓	fx	=A1*(A2+A3)	

◢	A	B	C	D	E	F
1	2	5				
2	2	6				
3	1	4				
4	6					
5						

2a. Haz clic con el botón derecho del ratón en la celda A4 y elige Copiar y Pegar en el menú "Opciones de pegado".

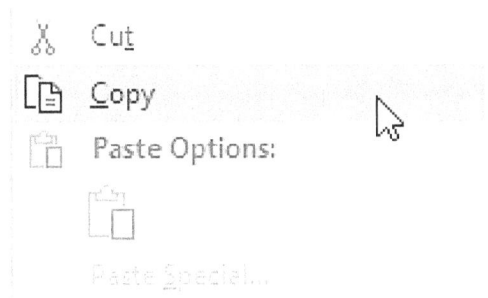

2b. puedes arrastrar la fórmula a la celda B4 y soltarla allí. Se elige la celda A4, se hace clic en su esquina inferior derecha y se arrastra hasta la celda B4. ¡Es mucho menos trabajo y da el mismo resultado!

A4				fx	=A1*(A2+A3)	
	A	B	C	D	E	F
1	2	5				
2	2	6				
3	1	4				
4	6					
5						

Resultado. En la celda B4, la fórmula hace referencia a los números de la columna B.

B4				fx	=B1*(B2+B3)	
	A	B	C	D	E	F
1	2	5				
2	2	6				
3	1	4				
4	6	50				
5						

Incorporar la fórmula Insertando una tecla de función

Puede utilizar funciones adicionales de Excel mediante el comando Insertar función de la barra de fórmulas (la que tiene la FX). Pulsando el botón Insertar Función en Excel, aparece el cuadro de diálogo Insertar Función. A continuación, puedes utilizar sus opciones para buscar y elegir la función que deseas utilizar y especificar el parámetro o argumentos que la función necesita para realizar sus cálculos. Todas las funciones tienen la misma estructura. Por ejemplo, considere SUM (A1:A4). El nombre de esta función es SUM. La parte entre paréntesis (argumentos) indica que estamos proporcionando a Excel el rango A1:A4. Esta función se utiliza para sumar las celdas A1, A2, A3 y A4.

Para añadir una función, siga los pasos que se indican a continuación:

1. Elija una celda.

	A	B	C	D	E	F
1	3	8	6			
2	10	5	4			
3						

Cell reference box: D1 with f_x

2. En la opción desplegable, seleccione Insertar función. Aparece el cuadro de diálogo 'Insertar función'.

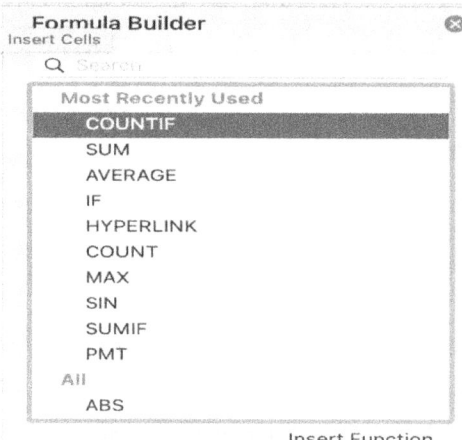

3. Busque una función o elija una de una lista de opciones. Por ejemplo, elija COUNTIF de la categoría Estadística.

4. Haga clic en INSERTAR FUNCIÓN.

5. Aparece el cuadro de diálogo "Argumentos de la función".

6. Haga clic en el rango A1:C2 en el cuadro Rango para seleccionarlo.

7. En el cuadro Criterios, escriba >5 y haga clic en Aceptar.

8. COUNTIF cuenta el número de celdas mayores que cinco en una fila.

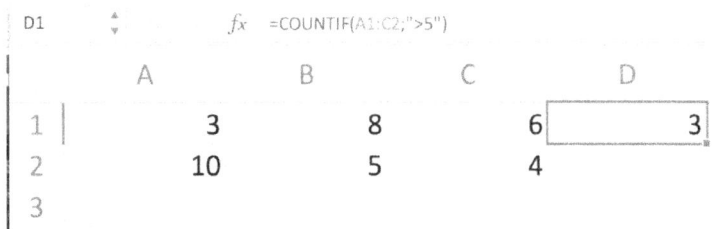

Opción Autosuma

La función Autosuma es una herramienta útil para tareas rápidas y rutinarias. Para ello, seleccione la opción Autosuma en el extremo derecho de la página de inicio. Luego, utilizando el puntero del ratón, exponga más fórmulas previamente ocultas. En la pestaña Fórmulas, verás también esta opción.

4.3 Cómo utilizar las fórmulas más comunes en Microsoft Excel

Hemos recopilado una lista de fórmulas útiles, teclas de acceso directo y otras herramientas y funciones prácticas para ayudarte a sacar el máximo partido a MS Excel (y ahorrar mucho tiempo).

Las fórmulas de esta sección son para Microsoft Excel 2022. Algunas de las funciones enumeradas a continuación pueden encontrarse en una ubicación diferente si utiliza una versión anterior de MS Excel.

1. SUM

El signo igual, =, se utiliza en todas las fórmulas de Microsoft Excel, junto con una etiqueta de texto que expresa la fórmula que desea que Microsoft Excel realice.

En MS Excel, la fórmula SUMA es una de las más utilizadas para hallar el resultado final de la suma total de dos o más números en una hoja de cálculo.

Para utilizar la fórmula SUMA, introduce los números que deseas sumar en el formato =SUMA (valor 1, valor 2, etc.).

En la función SUMA se pueden introducir números reales o el valor de una celda concreta de la hoja de cálculo.

Escribe la siguiente fórmula en una celda para determinar la SUMA de 30 y 80, por ejemplo, =SUMA (40, 80). Al pulsar "Intro", la celda muestra la suma de los dos números: 120.

Escribe la siguiente fórmula en una celda para obtener los valores totales de B2 y B11, por ejemplo, =SUMA (B2, B11). La celda calculará la suma de los enteros de las celdas B2 y B11 cuando pulses "Intro". Si ninguna de las dos celdas tiene números, la fórmula dará cero.

Recuerda que puedes obtener la suma acumulada de una lista de números enteros utilizando Microsoft Excel. Para determinar los números totales de las celdas B2 a B11, utiliza la fórmula en una celda de la hoja de cálculo: =TOTAL (B2:B11). En cada celda, hay dos puntos en lugar de una coma. Así es como puede verse en una hoja de cálculo de Microsoft Excel para un vendedor de contenidos:

	A	B
	SUM	fx =SUM(B2:B11)

	A	B
1	**Source of leads**	**Leads generated**
2	Blog post 1	10
3	Blog post 2	4
4	Blog post 3	2
5	Blog post 4	11
6	Blog post 5	12
7	Blog post 6	6
8	Blog post 7	8
9	Blog post 8	17
10	Blog post 9	3
11	Blog post 10	8
12		=SUM(B2:B11)
13		

2. La media

Los promedios de datos sencillos, como el número medio de accionistas de un determinado conjunto accionarial, deben venir a la mente cuando se utiliza la función PROMEDIO.

=PROMEDIO (número1, [número2],)

	A	B
	SUM	fx =AVERAGE(B2:B12)

	A	B
1	**Country**	**Population**
2	China	1,389,618,778
3	India	1,311,559,204
4	USA	331,883,986
5	Indonesia	264,935,824
6	Pakistan	210,797,836
7	Brazil	210,301,591
8	Nigeria	208,679,114
9	Bangladesh	161,062,905
10	Russia	141,944,641
11	Mexico	127,318,112
12	**Average**	=AVERAGE(B2:B12)
13		

3. CONTAR

Con la acción CONTAR, puede ver el número de celdas comprendidas en un rango que contiene valores numéricos.

=CONTEO (valor1, [valor2],)

Ejemplo:

CONTAR (A: A) - Cuenta todos los valores numéricos de la columna A. Para contar filas, debe cambiar el rango dentro del cálculo.

CONTAR (A1:C1) - Ahora puede contar filas.

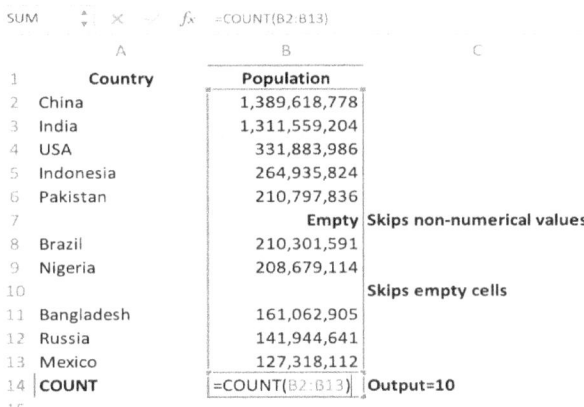

4. COUNTA

COUNTA, al igual que la función COUNT, cuenta todas las celdas de un rango. Sin embargo, cuenta todas las celdas, independientemente de su tipo. A diferencia de COUNT, que sólo cuenta numéricamente, esta función también suma fechas, horas, cadenas, valores lógicos, errores, cadenas vacías y texto.

=COUNTA (valor1, [valor2] ....y así sucesivamente)

Ejemplo:

COUNTA (C13:C2) Sin embargo, a diferencia de COUNT, no puede contar filas utilizando el mismo algoritmo. COUNTA (H2:C2), por ejemplo, contará las columnas C a H si cambia la selección dentro de los corchetes.

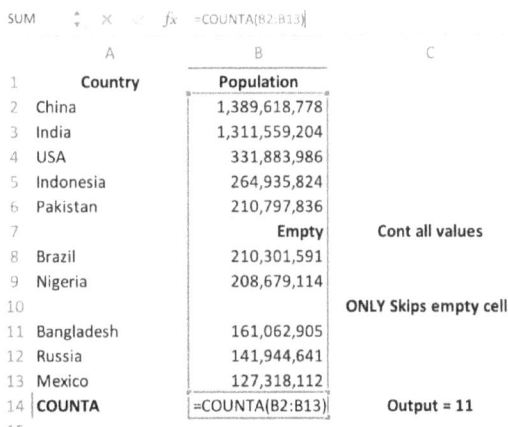

5. SI

La función SI se emplea a menudo cuando se ordenan los datos de acuerdo con una serie de reglas. Lo bueno de la fórmula IF es que incluye fórmulas y funciones.

=IF(prueba lógica, [valor si es verdadero], [valor si es falso])

Ejemplo:

=IF(D3C2, 'TRUE,' 'FALSE') =IF(D3C2, 'TRUE,' 'FALSE') - Si el valor en C3 es menor que el valor en D3, la condición es verdadera. Si el razonamiento es correcto, establece el valor de la celda en TRUE; en caso contrario, lo establece en FALSA.

=IF(SUM(C10:C1) > SUM(D10:D1 - Un ejemplo complicado de lógica IF. Primero suma C1 a C10 y D1 a D10, luego compara los resultados. Cuando el total de C1 a C10 supera la suma de D1 a D10, el valor de una celda pasa a ser igual a C1 a C10. En caso contrario, se calcula la SUMA de C1 a C10.

	A	B	C	D
			IF=(B2>C2,TRUE,FALSE)	
1	Country	Population	Average Population	Greater than average?
2	China	1,389,618,778	435,810,199	TRUE
3	India	1,311,559,204	435,810,199	TRUE
4	USA	331,883,986	435,810,199	FALSE
5	Indonesia	264,935,824	435,810,199	FALSE
6	Pakistan	210,797,836	435,810,199	FALSE
7	Brazil	210,301,591	435,810,199	FALSE
8	Nigeria	208,679,114	435,810,199	FALSE
9	Bangladesh	161,062,905	435,810,199	FALSE
10	Russia	141,944,641	435,810,199	FALSE
11	Mexico	127,318,112	435,810,199	FALSE
12				

6. RECORTAR

Utilizando la función TRIM, es posible evitar que las zonas desorganizadas interfieran en sus actividades diarias. Con este método se garantiza que no queden huecos libres. Cuando se utiliza TRIM, sólo afecta a una única celda en lugar de otras actividades que pueden afectar a un grupo de celdas. Por lo tanto, tiene el problema de reproducir los datos en su hoja de cálculo, lo cual es una desventaja.

=TRIM(texto)

Ejemplo:

TRIM(A2) - extrae los espacios vacíos del valor de la celda A2.

B11	fx	=TRIM(A2:A11)	
	A	B	C
1	Raw data	TRIM	
2	China 2019	China 2019	
3	2020 India	2020 India	
4	USA 2021	USA 2021	
5	Indonesia 2022	Indonesia 2022	
6	Pakistan 2023	Pakistan 2023	
7	Brazil 2022	Brazil 2022	
8	Nigeria 2024	Nigeria 2024	
9	Bangladesh 2023	Bangladesh 2023	
10	Russia 2020	Russia 2020	
11	Mexico 2019	Mexico 2019	
12			

7. MÁXIMO Y MÍNIMO

Las funciones (MAX y MIN) máximo y mínimo ayudan a determinar los valores máximo y mínimo dentro de un rango de valores.

MÍNIMO

=MIN(valor1, [valor2],…)

Ejemplo:

=MIN(C11:B2) - Busca el valor más pequeño en las columnas B y C entre la columna B B2 y la columna C, C2 hasta la fila 11.

MÁXIMO

=MAX(entero1, [entero2],…)

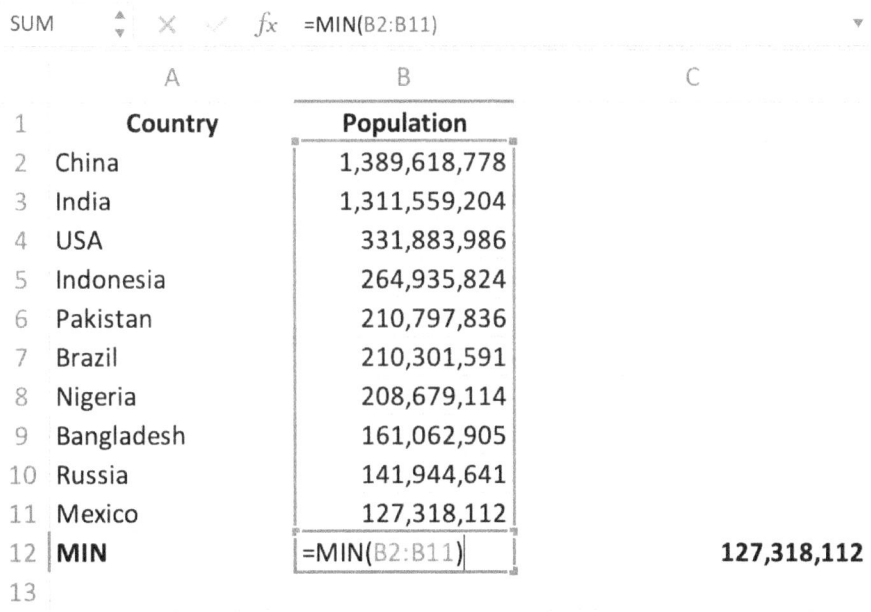

Ejemplo:

=MAX(B2:C11) - En ambas columnas B y C, determina la cifra mayor entre la columna B de B2 y la columna C de C2 hasta la fila 11.

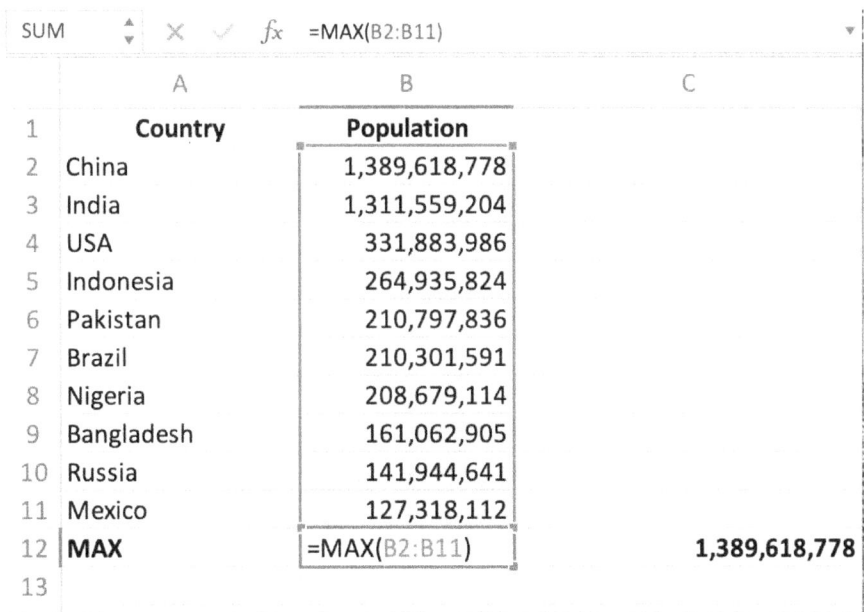

8. Porcentaje

Escriba =A1/B1 en las celdas donde desee encontrar un porcentaje para utilizar la fórmula en las hojas de cálculo de Excel. Para convertir un número decimal en un %, selecciona la celda indicada, ve a la pestaña Inicio y elige "Porcentaje" en el menú de dígitos.

Aunque Microsoft Excel no tiene una "fórmula" para los porcentajes, sí facilita la conversión del valor de cualquier celda a un %, para que no tengas que perder el tiempo midiendo y volviendo a introducir los números.

La opción concreta para convertir el valor de una celda en un porcentaje se encuentra en la pestaña Inicio de Microsoft Excel. Elige Formato condicional en el menú desplegable situado junto a esta columna y, a continuación, resalta la(s) celda(s) que desees convertir a porcentaje (es posible que esta pestaña de menú diga primero "General").

A continuación, elige "Porcentaje" en el menú desplegable que aparece. Cada celda que hayas marcado tendrá su significado transformado en un porcentaje. Lo encontrarás un poco más abajo en la página.

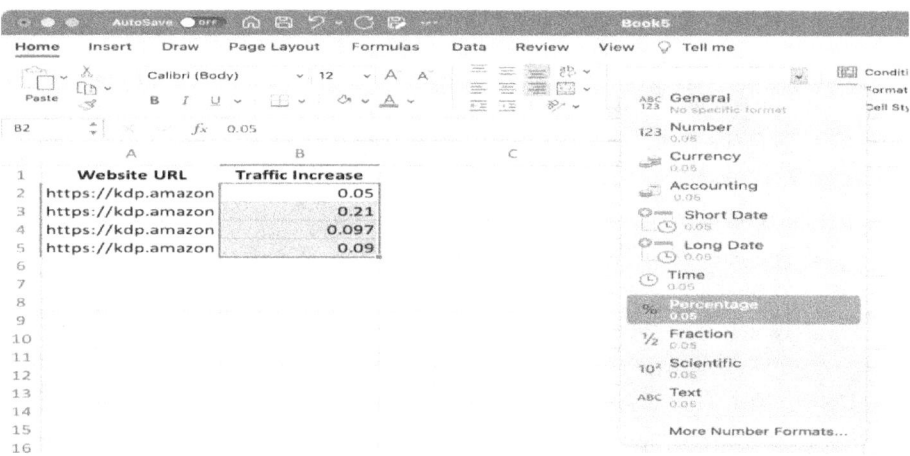

Recuerde que los resultados serán decimales por defecto si utiliza otras fórmulas para producir nuevos números, como la fórmula de división (anotada =A1/B1). Antes o después de aplicar este método, selecciona las celdas y cambia su formato a "Porcentaje" utilizando la pestaña de inicio, como se ve arriba.

9. Resta

Para ejecutar el algoritmo de resta en Microsoft Excel, introduce las celdas que quieras restar con el formato =SUMA (A1, -B1). Puedes utilizar la fórmula SUMA para restar poniendo un signo negativo justo antes de la celda que vas a eliminar. Por ejemplo, si A1 es 10 y B1 es 6, =SUMA(A1, -B1) produce 4 en lugar de 10 + -6.

En MS Excel, la resta, incluidas las fracciones, carece de fórmula, pero eso no implica que no pueda hacerse. Hay dos métodos para restar valores concretos (o dentro de celdas).

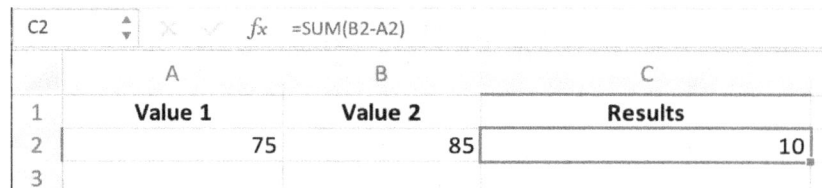

Se ha utilizado =SUMA como fórmula. En la disposición =SUMA(A1, -B1), introduzca las celdas que desea restar, con el signo menos (denotado por un guión) justo antes de la celda cuyo valor desea eliminar. Introduce para hallar la distancia entre las dos celdas del paréntesis. Mira la imagen de arriba para hacerte una idea de cómo funciona esto.

En el formato, escribe =A1-B1. Para restar varios valores entre sí, introduzca un signo igual, el primer valor o celda, un guión y, a continuación, el valor que desea restar. Introduce para obtener la diferencia entre los dos números.

10. Multiplicación

Inserte las celdas para multiplicar en formato Microsoft Excel =A1*B1 para ejecutar la fórmula de multiplicación. Esta fórmula utiliza un asterisco para multiplicar la celda A1 por la B1. Por ejemplo, si A1 es 10 y B1 es 6, el resultado de =A1*B1 es 60.

Podrías pensar que multiplicar valores en MS Excel tiene una fórmula o que el carácter "x" significa múltiples valores multiplicados.

Basta con utilizar un asterisco - * -.

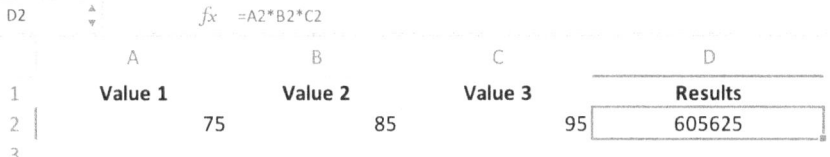

Marca una celda vacía en una hoja de cálculo de MS Excel para multiplicar dos o más números. A continuación, en el formato =A1*B1*C1..., pon los números o celdas que quieras multiplicar juntos en el formato =A1*B1*C1... El asterisco duplicaría efectivamente cada significado en el cálculo.

Pulsa Intro para obtener el resultado que prefieras. Para mostrar cómo funciona, mira la captura de pantalla de arriba.

11. División

En MS Excel, ponga =A1/B1 en las celdas que desea dividir para utilizar la fórmula de división. En este proceso se utiliza una barra oblicua, "/", para dividir la celda A1 por la celda B1. Por ejemplo, si A1 es 5 y B1 es 10, =A1/B1 devuelve 0,5 como número decimal.

La división es una de las funciones más fundamentales de Microsoft Excel. Para ello, abre una nueva celda y escribe "=", seguido de los dos (o más) valores que desees dividir, separados por un guión hacia delante, "/". El resultado debe tener el formato =B2/A2, como se ve en la imagen siguiente.

Al pulsar Intro, la celda resaltada mostrará el cociente seleccionado.

12. FECHA

La fórmula FECHA de MS Excel es FECHA =DATE (año, mes, día). Esta fórmula proporcionará una fecha que coincide con los datos entre paréntesis y los valores de otras celdas. Por ejemplo, si A1 es 2018, B1 es 7 y C1 es 11, =DATE(A1,B1,C1) devuelve 7/11/2018.

A veces puede resultar difícil introducir fechas en las celdas de una base de datos de Microsoft Excel. Afortunadamente, formatear fechas es fácil utilizando una sencilla fórmula. Esta fórmula puede utilizarse de dos formas diferentes:

Para hacer fechas, utilice una serie de valores de celda. Selecciona una celda vacía, introduce "=FECHA" y, a continuación, pon entre paréntesis los valores de las celdas que componen la fecha elegida, empezando por el año, el número del mes y terminando por el día. DATE= (año, mes, día). Para mostrar cómo funciona esto, mira la captura de pantalla de abajo.

Establezca una fecha para hoy automáticamente. Selecciona una celda vacía e introduce =DATE(AÑO(HOY()), MES(HOY()), DÍA(HOY()) en ella. La fecha más reciente en su hoja de cálculo de MS Excel se devolverá si hace clic en enter.

D4		fx =DATE(A4; B4; C4)		
	A	B	C	D
1	Year	Month	Day	Date
2	2018	12	2	02/02/18
3	2018	2	18	18/02/18
4	2018	7	11	11/07/18
5				

Suponga que su programa Microsoft Excel está configurado de forma diferente. Al utilizar la fórmula de fecha en Microsoft Excel, la fecha devuelta debe tener el formato "mm/dd/aa".

Capítulo 5: Excel para principiantes

La mayoría de las personas quieren mantener su exposición a Excel en un nivel bajo y evitarlo como a ese pariente desagradable que todos tenemos. Sin embargo, necesitarás dominar Excel básico para hacer las cosas correctamente y con rapidez, tanto si se trata de un proyecto corporativo como de un presupuesto personal. Hemos recopilado una lista de los mejores consejos de Excel para principiantes para guiarte de forma sencilla y sacar el máximo partido al programa.

5.1 Añadir tareas de uso frecuente a la barra de herramientas para acceder cómodamente a ellas

Si echa un vistazo a cualquier versión de Excel, verá que tiene a su disposición un número casi ilimitado de herramientas. Sin embargo, la mayoría de los principiantes sólo utilizan un puñado de ellas con regularidad. Puedes añadir tus favoritas a la barra de herramientas de acceso rápido en lugar de desplazarte cada vez entre las distintas pestañas de la cinta.

Microsoft tiene varias opciones para hacerlo, pero la más sencilla es hacer clic con el botón derecho del ratón en el elemento que desea añadir y elegir "Añadir a la barra de herramientas de acceso rápido."

Puedes reorganizar tus atajos QAT después de haber añadido tus favoritos haciendo clic con el botón derecho del ratón sobre ellos y seleccionando "Personalizar barra de herramientas de acceso rápido..." en el menú. Con la ayuda de tu QAT personalizada, agilizarás tu próxima hoja de cálculo con facilidad.

5.2 Filtrado de datos

Cuando se trabaja con muchos datos, Microsoft ofrece funciones increíbles que se han convertido, posiblemente, en la aplicación ofimática esencial del planeta. La ordenación y filtrado de Excel es la herramienta más importante para trabajar con estos datos. Es muy valiosa, ya que te ayuda a organizar y resumir los datos de forma eficaz. Para ello, pulsa la combinación de teclas Ctrl A para seleccionar todos los datos que quieras insertar en el filtro. A continuación, haz clic en el símbolo del embudo situado en la esquina superior izquierda de la cinta de opciones de la página de inicio.

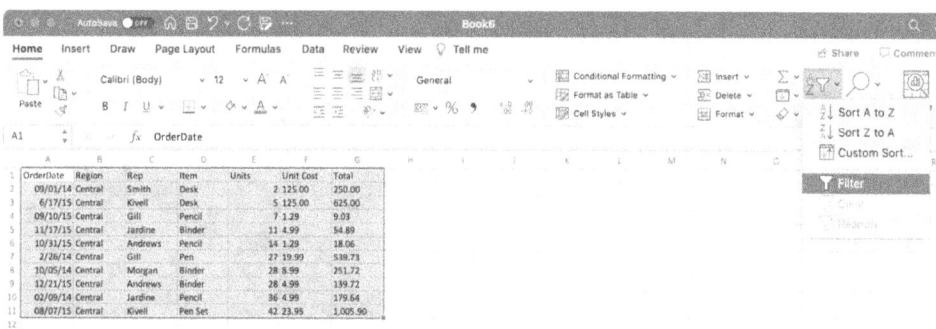

Ahora hay una flecha para abrir encima de cada columna de filtro. Puede ordenar la tabla seleccionando diferentes valores de la tabla. Supongamos que desea ver cuántos pedidos se realizaron durante un periodo determinado. Utilice la columna de fecha para filtrar y seleccione el periodo deseado.

	A	B	C	D	E	F	G
1	OrderDate	Region	Rep	Item	Units	Unit Cost	Total
2	6/17/15	Central	Kivell	Desk	5	125.00	625.00
3	2/26/14	Central	Gill	Pen	27	19.99	539.73
4	12/21/15	Central	Andrews	Binder	28	4.99	139.72
5	11/17/15	Central	Jardine	Binder	11	4.99	54.89
6	10/31/15	Central	Andrews	Pencil	14	1.29	18.06
7	09/10/15	Central	Gill	Pencil	7	1.29	9.03
8	08/07/15	Central	Kivell	Pen Set	42	23.95	1,005.90
9	02/09/14	Central	Jardine	Pencil	36	4.99	179.64
10	10/05/14	Central	Morgan	Binder	28	8.99	251.72
11	09/01/14	Central	Smith	Desk	2	125.00	250.00
12							
13							
14							

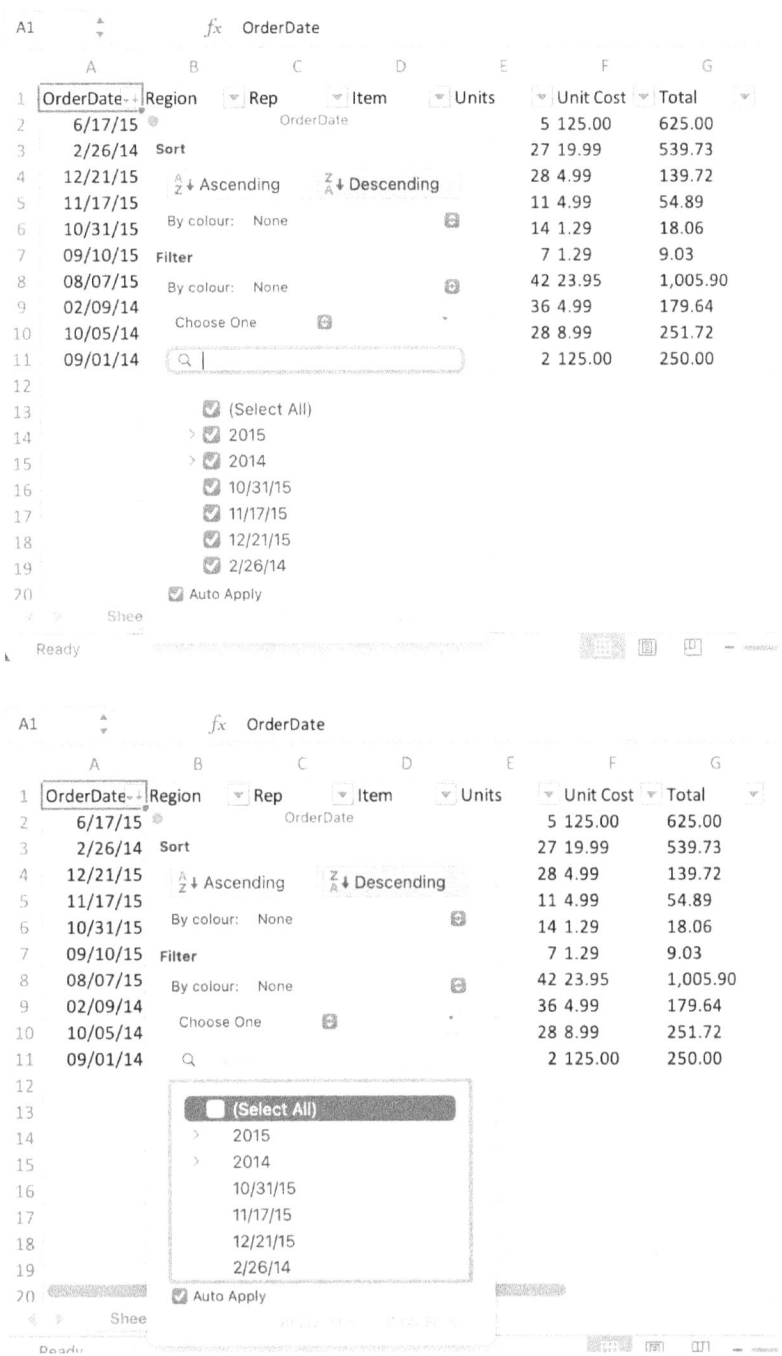

	A	B	C	D	E	F	G
	A1			f_x	OrderDate		
1	OrderDate	Region	Rep	Item	Units	Unit Cost	Total
2	6/17/15		OrderDate		5	125.00	625.00
3	2/26/14	Sort			27	19.99	539.73
4	12/21/15	Ascending	Descending		28	4.99	139.72
5	11/17/15				11	4.99	54.89
6	10/31/15	By colour: None			14	1.29	18.06
7	09/10/15	Filter			7	1.29	9.03
8	08/07/15	By colour: None			42	23.95	1,005.90
9	02/09/14	Choose One			36	4.99	179.64
10	10/05/14				28	8.99	251.72
11	09/01/14	Q				2	125.00	250.00
12							
13		☑ (Select All)					
14		> ☑ 2015					
15		> ☑ 2014					
16		☑ 10/31/15					
17		☑ 11/17/15					
18		☑ 12/21/15					
19		☑ 2/26/14					
20		☑ Auto Apply					

Shee

Ready

	A	B	C	D	E	F	G
	A1			f_x	OrderDate		
1	OrderDate	Region	Rep	Item	Units	Unit Cost	Total
2	6/17/15		OrderDate		5	125.00	625.00
3	2/26/14	Sort			27	19.99	539.73
4	12/21/15	Ascending	Descending		28	4.99	139.72
5	11/17/15				11	4.99	54.89
6	10/31/15	By colour: None			14	1.29	18.06
7	09/10/15	Filter			7	1.29	9.03
8	08/07/15	By colour: None			42	23.95	1,005.90
9	02/09/14	Choose One			36	4.99	179.64
10	10/05/14				28	8.99	251.72
11	09/01/14	Q				2	125.00	250.00
12							
13		☐ (Select All)					
14		> 2015					
15		> 2014					
16		10/31/15					
17		11/17/15					
18		12/21/15					
19		2/26/14					
20		☑ Auto Apply					

Shee

Ready

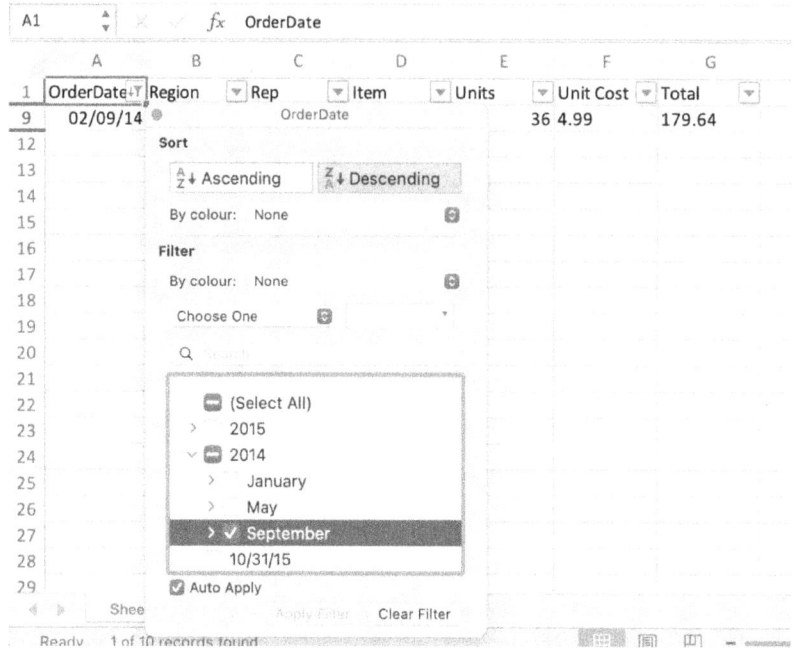

Pulse ENTER

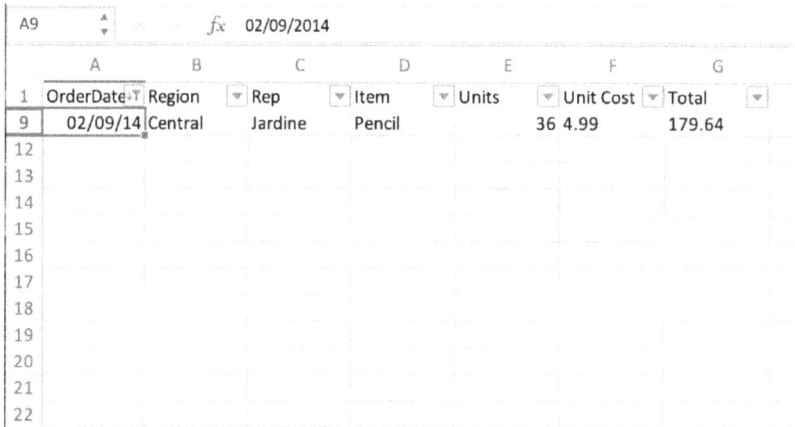

5.3 Incorporación de encabezados y pies de página dinámicos

Aunque pueda parecer que el mundo se aleja del papel, todavía hay casos en los que es necesario imprimir. Añadir números de página, marcas de tiempo y ubicaciones de archivos al encabezado o al pie de página es una de las mejores formas de realizar un seguimiento del contenido impreso desde Excel. Puedes añadir fórmulas que se actualicen automáticamente, de modo que no tengas que cambiar estos valores cada vez que imprimas la hoja de cálculo. En primer lugar, cambia la vista de Excel para que el encabezado y el pie de página sean visibles.

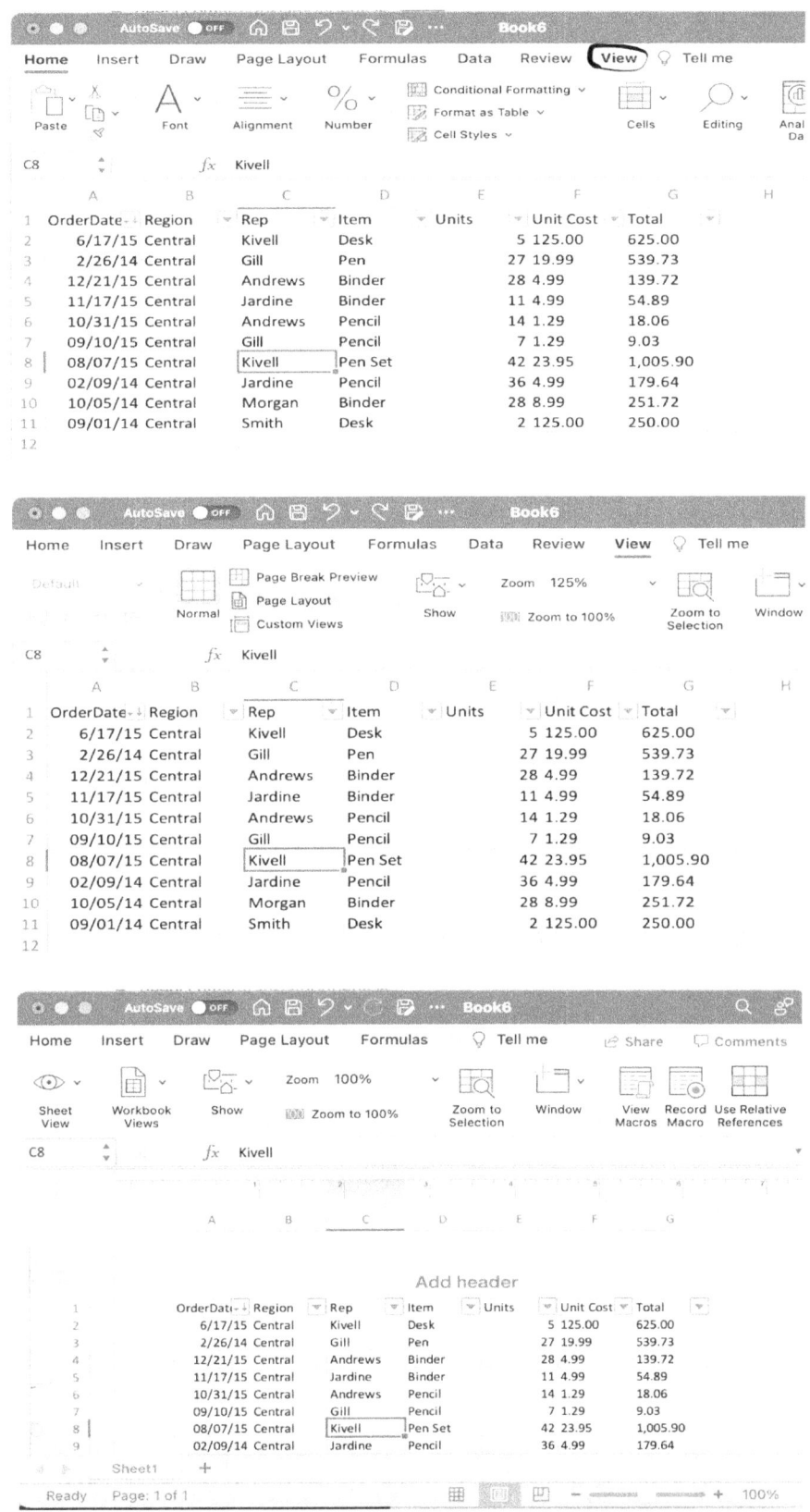

A continuación, en el pie de página del encabezado, inserte este texto:

File name	&[File]
Sheet name	&[Tab]
Page number	&[Page]
Date	&[Date]

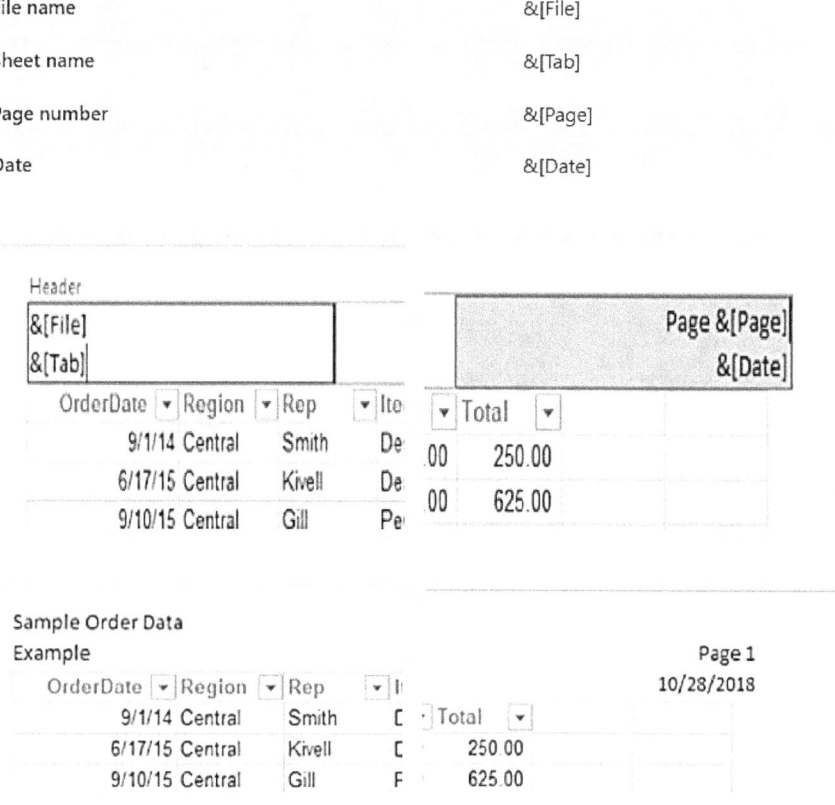

5.4 Definición de regiones de impresión

Asignar áreas de impresión de fichas para cambiar lo que se imprime en los márgenes es otro método que ahorra tiempo ahora que sabes cómo actualizar automáticamente la información impresa en los márgenes. Especificar un área de impresión es una buena manera de ahorrar tiempo pulsando Ctrl P cuando quieres mantener todo tu trabajo en una hoja de cálculo pero quieres imprimir un trozo. Para establecer el área de impresión, resalte las celdas que desea imprimir. En la cinta Diseño de página, en Área de impresión, selecciona Establecer área de impresión en el menú desplegable.

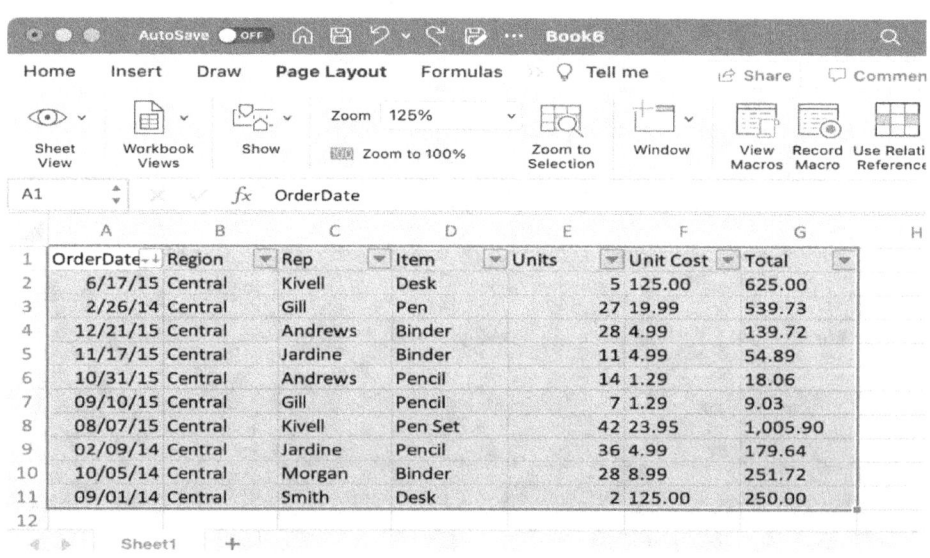

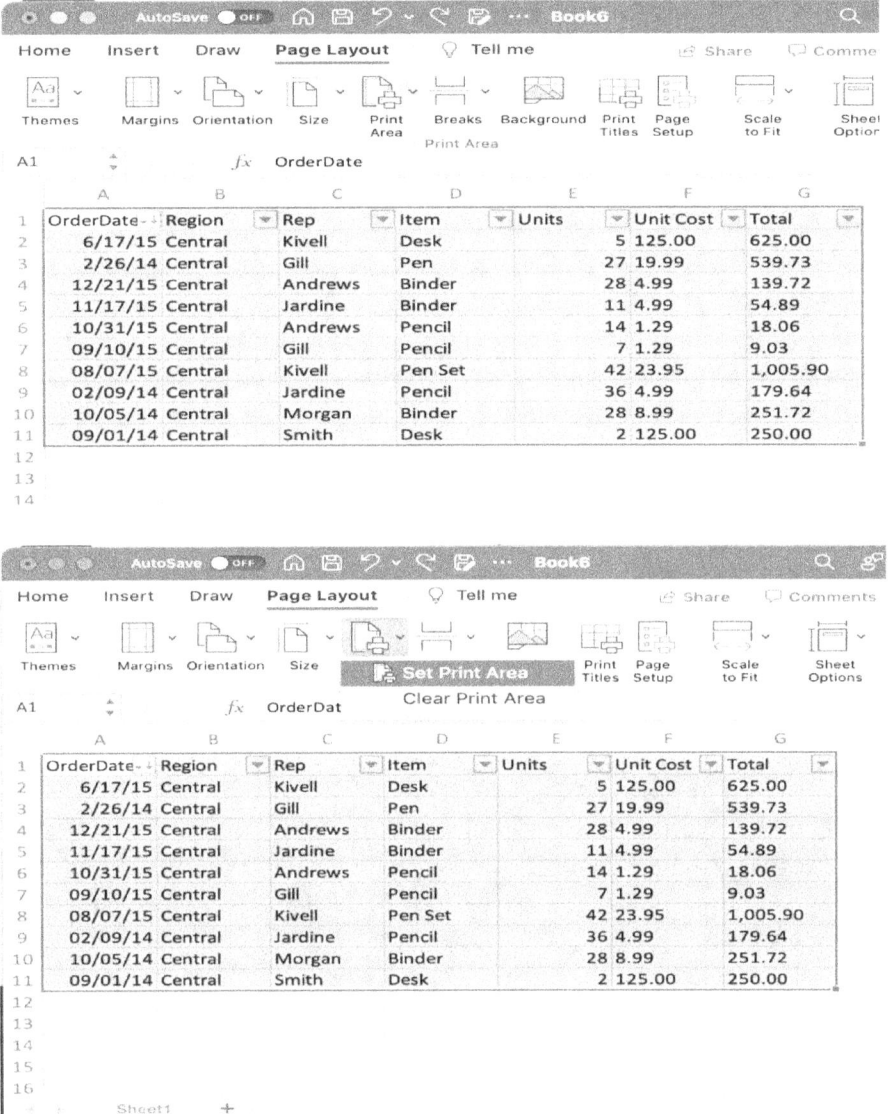

La opción de borrar el área de impresión también está insertada en el menú desplegable. Es una buena opción si has modificado la hoja de cálculo y quieres ampliar el espacio impreso.

5.5 Pegar las opciones especiales

Excel tiene muchas formas de realizar tareas. Tomemos, por ejemplo, las funciones de copiar y pegar. Como si Ctrl C y Ctrl V no fueran suficientes para facilitar el copiado, Microsoft creó Pegado Especial. Así es como funciona. Quieres copiar y pegar algo, como un número o una forma. En lugar de copiarlo todo y borrar lo que no quieres, puedes usar el comando Pegado especial. Copia los datos como de costumbre, pero en lugar de Ctrl V, haz clic con el botón derecho y selecciona Pegar con Importe en el menú.

Estas son algunas de las opciones más comunes Pegar por Cantidad:

Para pegar el texto en las celdas, seleccione Valores. No cambia el diseño de ninguna manera.

Fórmulas: ¿Quiere guardar la fórmula pero no el formato? Puede conseguirlo utilizando fórmulas.

Formatos: Esta opción permite copiar formatos manteniendo los valores y fórmulas actuales.

Anchura de columna: Si todas las columnas deben tener la misma anchura, esta opción ahorra mucho tiempo al editarlas manualmente.

5.6 Ocultar datos detallados agrupando y desagrupando columnas.

Muchas hojas de cálculo con información más detallada y extensa pueden resultar difíciles de entender y evaluar.

Afortunadamente, Excel facilita el contraer y expandir detalles intrincados, haciendo la pantalla más compacta y legible.

Las hojas de cálculo ideales para agrupar en Excel tienen encabezados de columna, no tienen filas ni columnas vacías y los datos están desplazados al menos una columna. Selecciona del grupo todos los datos que quieras resumir.

A continuación, en la pestaña Detalles, selecciona la opción Subtotal. Aparece una ventana emergente para elegir cómo organizar y resumir los datos.

En el siguiente ejemplo, hemos clasificado el año de suscripción por cambio y hemos calculado el total. Nos muestra la facturación total del año y de todo el periodo.

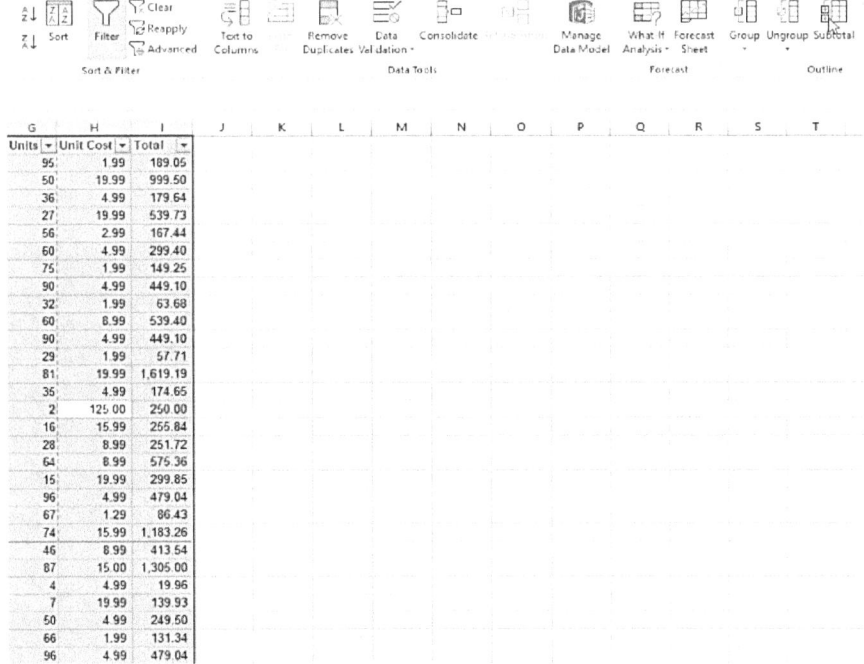

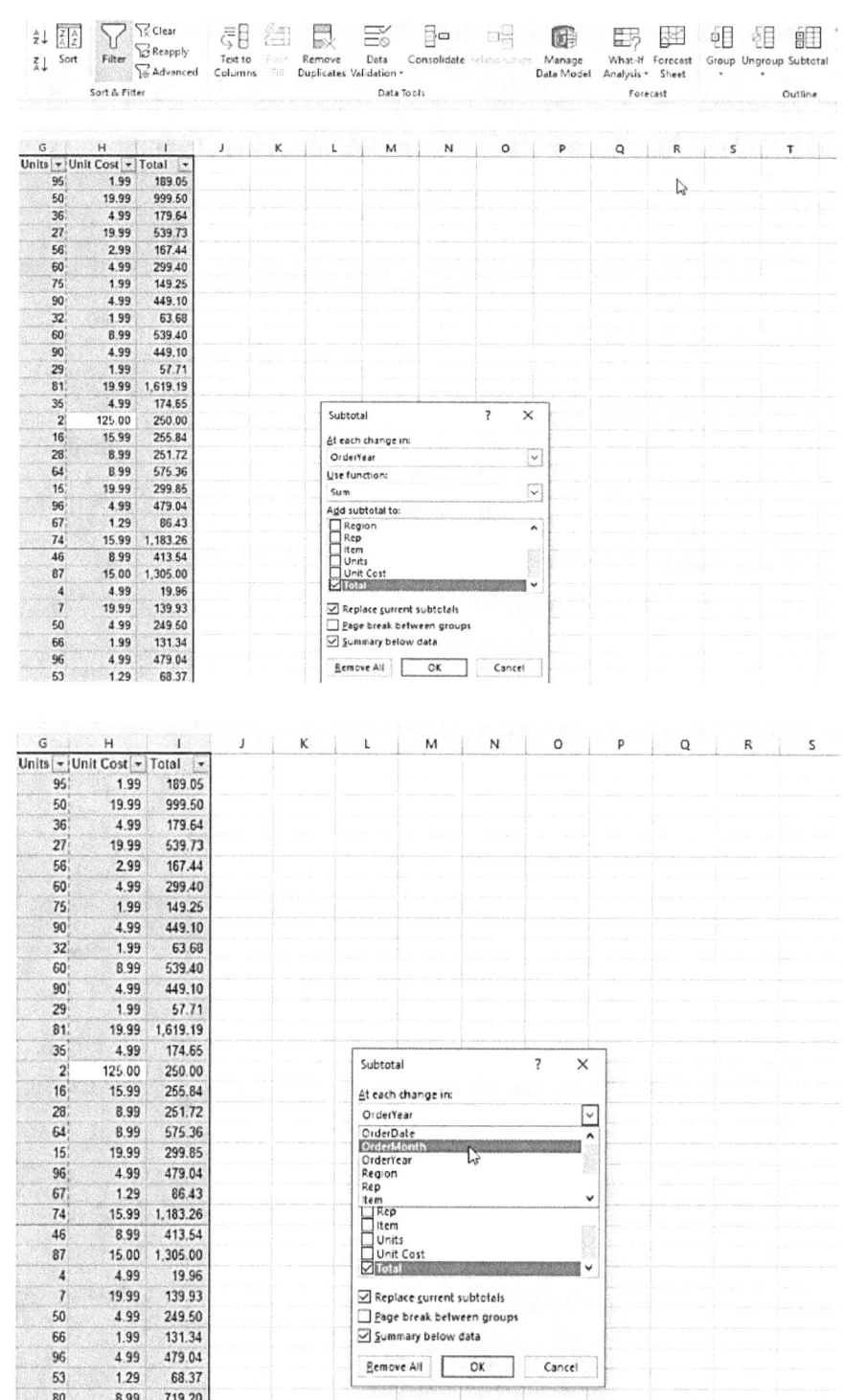

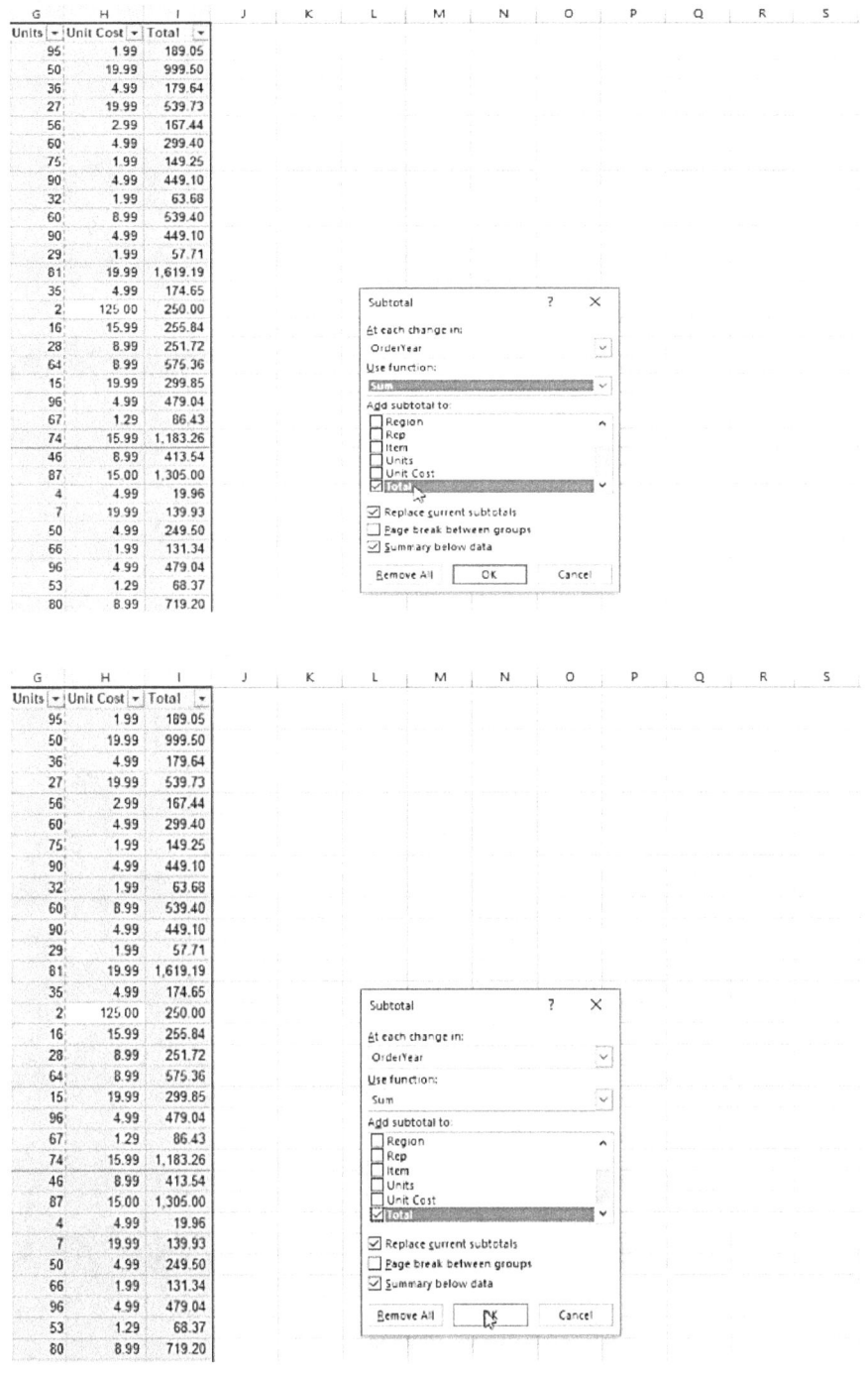

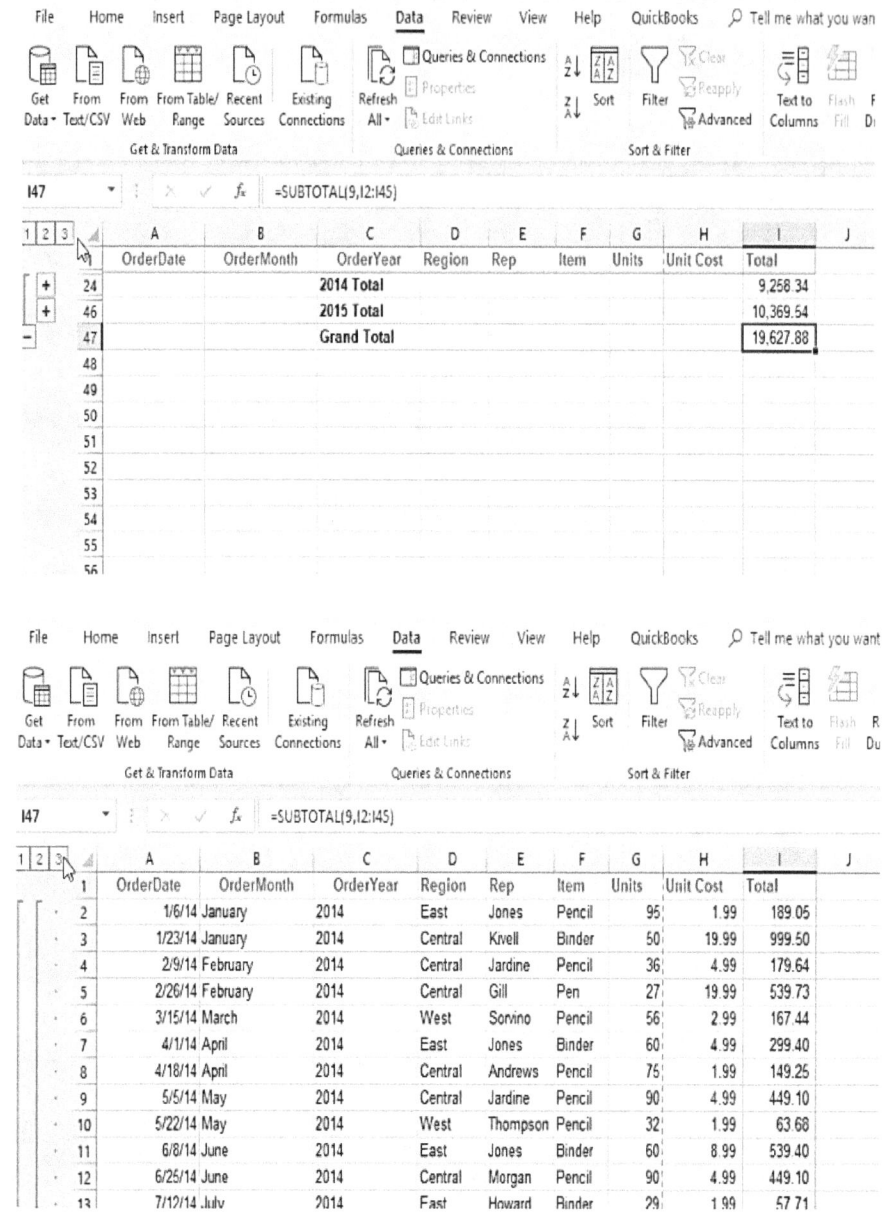

Ahora puede pasar de resúmenes útiles a detalles precisos en la misma hoja de cálculo con sólo unos clics.

5.7 Guarda bien los papeles y el cuaderno de trabajo.

Cuando envías una hoja de cálculo Excel, es importante proteger la información que proporcionas. Puedes compartir tu información si quieres, pero eso no significa que los demás tengan que modificarla. Afortunadamente, Excel tiene protección integrada para mantener seguras tus hojas de cálculo.

En la cinta, haz clic en la pestaña Revisar y, a continuación, en Proteger hoja para proteger la hoja. Aparecerá una ventana emergente y podrás introducir una contraseña de desbloqueo para elegir qué funciones pueden utilizar los demás mientras la tabla esté protegida.

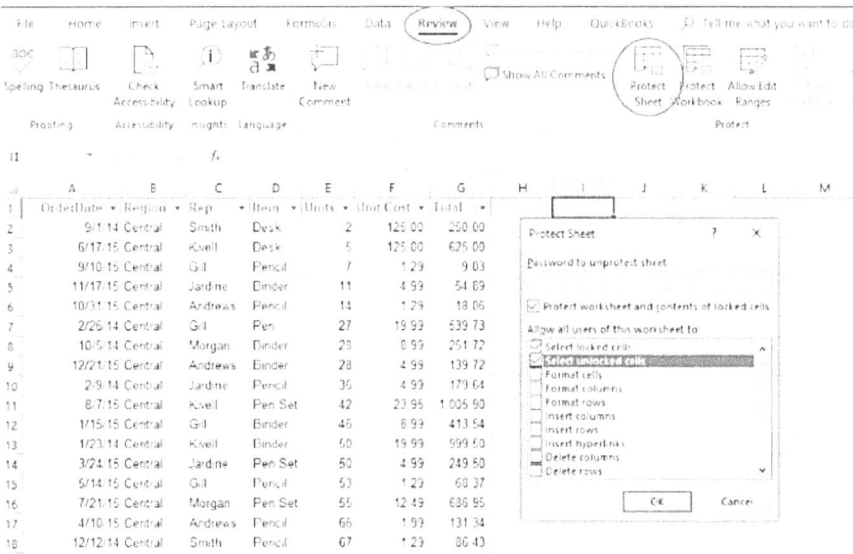

Después de hacer clic en OK, debes confirmar la contraseña y guardar la hoja de cálculo. Si alguien intenta cambiar la información ahora, necesitará esta contraseña. Para proteger un grupo de hojas, haz clic en Proteger libro de trabajo y sigue las mismas instrucciones.

5.8 Busque precedentes y formulaciones dependientes.

¿Has utilizado alguna vez una tabla creada por otra persona? Si necesitas cambiar fórmulas y funciones pero no estás seguro de qué otros cálculos se verán afectados de algún modo, perderás un tiempo precioso recorriendo la hoja de cálculo sin resultados. Puedes buscar el error y saber de dónde proceden los datos. Con las funciones Rastrear precedentes y Rastrear dependientes, Excel facilita ver qué celdas dependen de otras y contribuyen a otras. Ambas funciones están limitadas a la celda que esté activa en ese momento; como resultado, sólo se puede procesar una celda a la vez.

Para generar las flechas azules, debes utilizar los botones Trazar precedentes o Trazar dependientes en la sección Control de fórmulas de la página Fórmulas. Este diagrama muestra un flujo de datos donde el punto azul representa el predecesor, y la flecha simboliza la dependencia del flujo. Trazar dependencias para la celda E2 muestra que sólo fluye a la celda G2.

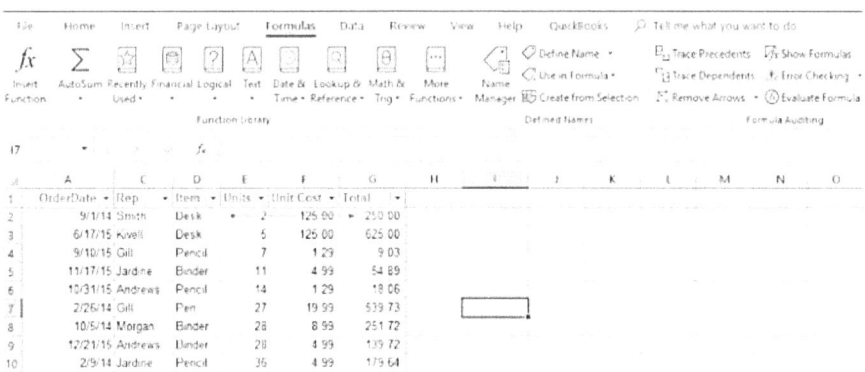

SEGÚN LOS PRECEDENTES DE TRAZADO, las células E2 y F2 son las células aisladas que fluyen hacia la célula I4.

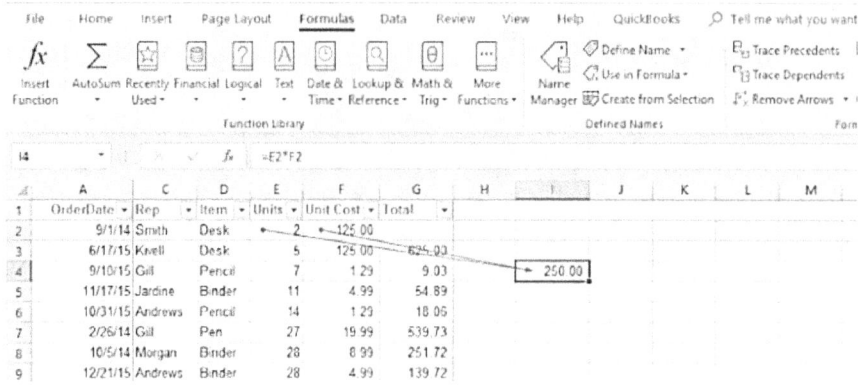

Estas funcionalidades funcionan en todas las pestañas de la misma hoja de cálculo y en libros de trabajo independientes, con una excepción. Los enlaces externos para libros de trabajo no funcionarán con Rastrear dependientes hasta que estén abiertos.

5.9 Validación de datos en menús desplegables de celdas

La lista desplegable es una forma estupenda de mostrar tus talentos en Excel a compañeros de trabajo y empleadores. Al mismo tiempo, es una técnica muy fácil de usar para garantizar que las hojas de Excel a medida funcionan correctamente.

Esta herramienta se utiliza para rellenar una hoja de cálculo con datos basados en criterios. Las listas desplegables en Excel se utilizan sobre todo para restringir el número de opciones accesibles al usuario. Por otra parte, un menú desplegable evita errores ortográficos y agiliza la introducción de datos.

También permite restringir lo que se puede introducir en una celda. En consecuencia, es ideal para verificar las entradas. Para empezar, vaya a la cinta de opciones y elija Datos y Validación de datos.

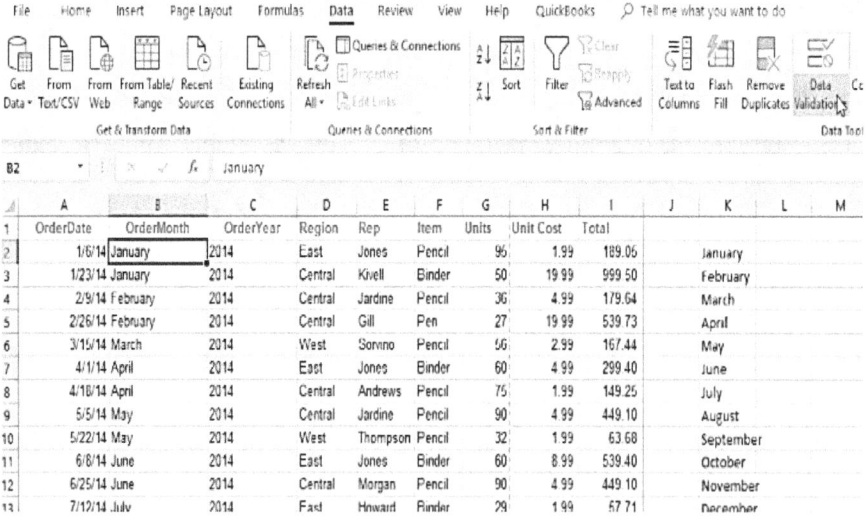

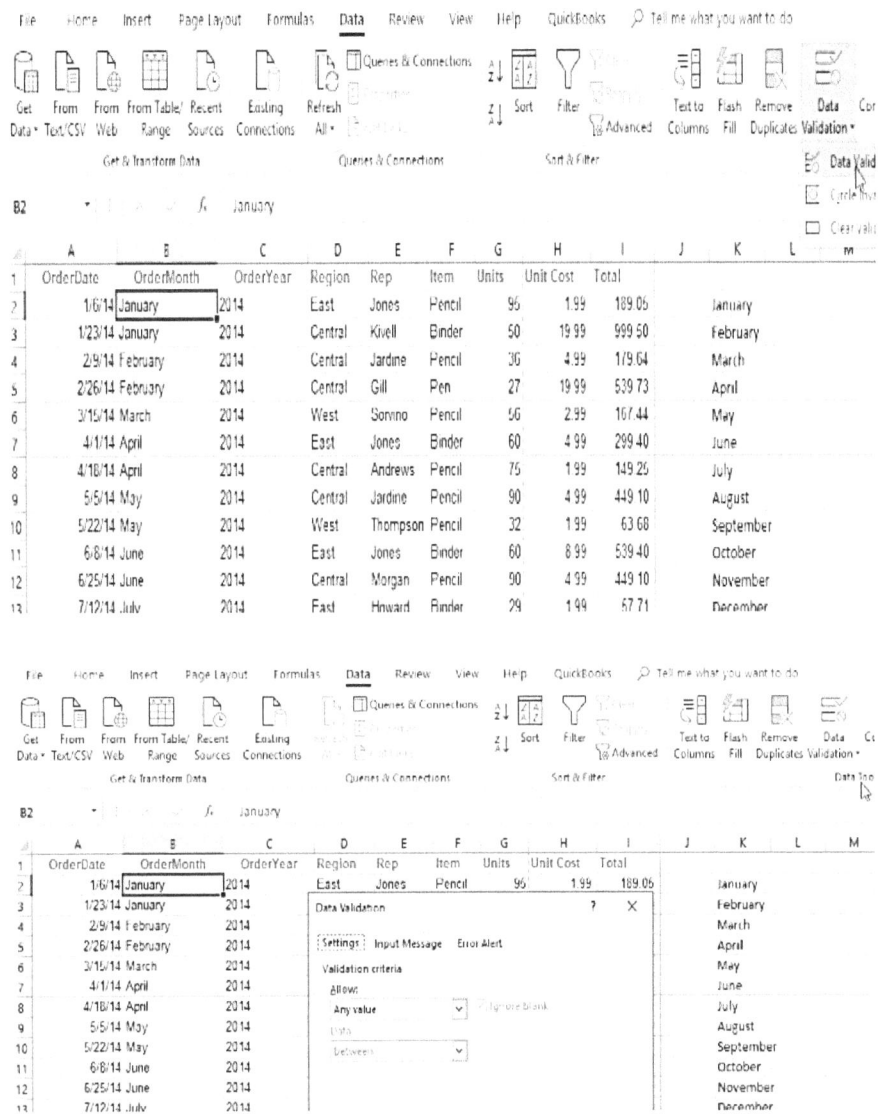

A continuación, elija sus parámetros. Para rellenar OrderMonth, utilizamos los meses del año.

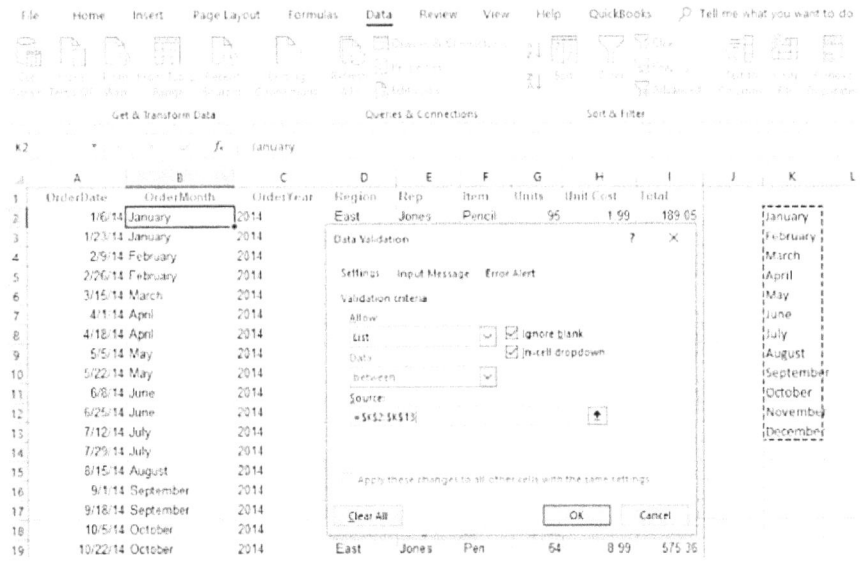

Después de hacer clic en Aceptar, elija de la lista haciendo clic en la flecha desplegable situada junto a la celda.

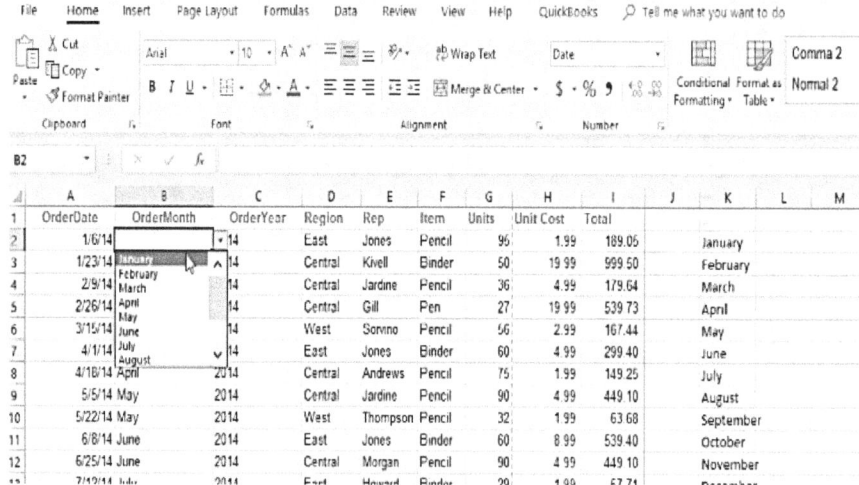

Tenga en cuenta que una vez configurada una celda, puede copiarla y pegarla en las demás celdas de abajo.

5.10 Texto a columna

¿Alguna vez has necesitado datos en Excel, pero había información adicional en esas celdas que tus cálculos no podían manejar? Aunque algunos algoritmos intrincados pueden ayudarle a dividir su texto en nuevas columnas, pueden llevar una cantidad de tiempo considerable. Text to Columns es un método rápido para dividir esto, ya que separa todas las celdas elegidas simultáneamente y coloca los resultados en columnas separadas.

Texto a Columnas está disponible en dos modos distintos: ancho fijo y delimitado. Delimitado divide el texto en función del texto, como cada coma, tabulación o espacio, mientras que de ancho fijo divide el texto en función del texto, como cada coma, tabulación o espacio.

Por ejemplo, utilicemos un Texto a Columnas delimitado para eliminar los céntimos de nuestra columna total.

Para utilizar Texto a columnas, resalte sus datos y haga clic en el botón Texto a columnas de la cinta Datos. Después podrás elegir entre las opciones de ancho fijo y limitado.

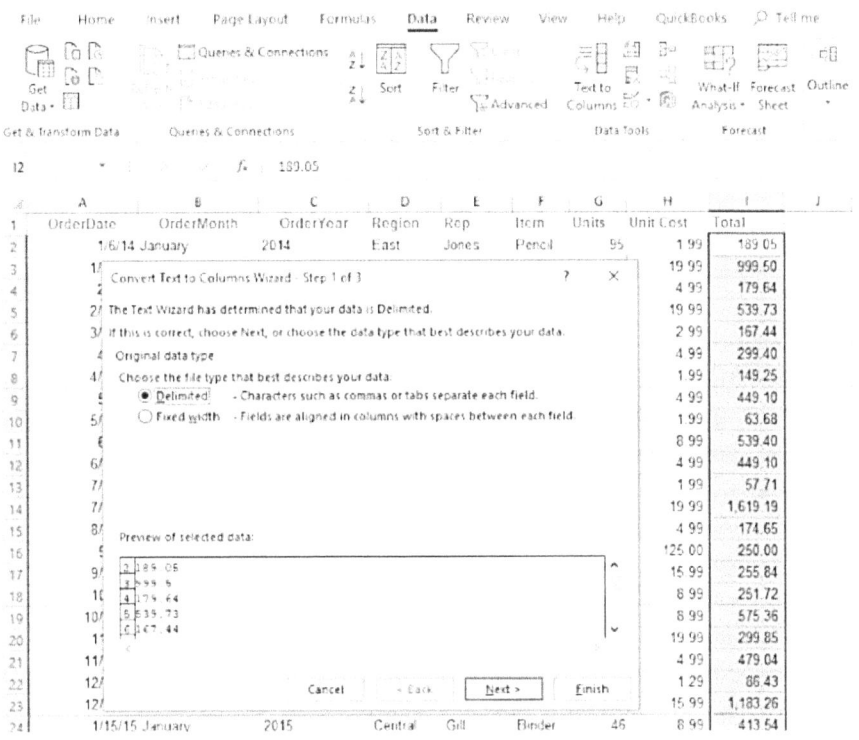

Establezca sus criterios de separación en la siguiente pantalla. En nuestro ejemplo hemos utilizado el punto.

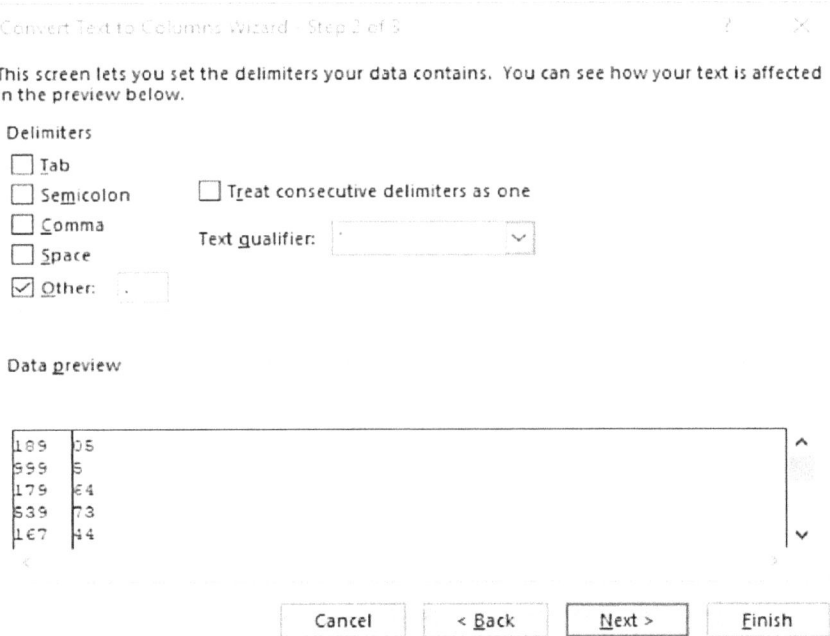

Puede omitir partes y ajustar el formato en la pantalla final. En el futuro, esta acción le ahorrará tiempo. A continuación, haga clic en Finalizar.

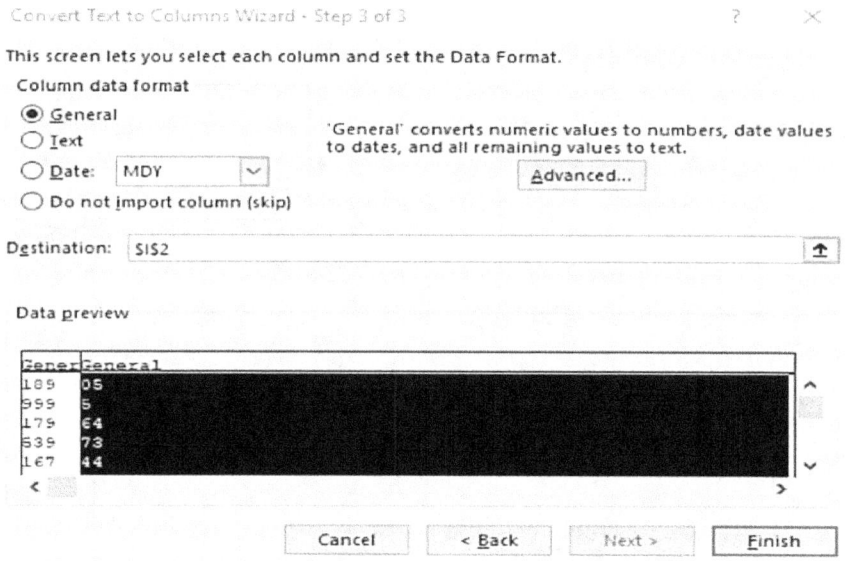

Por fin, ¡los resultados! Todos los céntimos se colocaron en la columna de la derecha.

I	J	K	L
Total			
189.00	5		
999.00	5		
179.00	64		
539.00	73		
167.00	44		
299.00	4		
149.00	25		
449.00	1		
63.00	68		
539.00	4		
449.00	1		
57.00	71		

5.11 Creación de gráficos sencillos

Convertir tus hallazgos en Excel en otros es una de las estrategias más eficaces para mejorar tus habilidades. Excel realiza un excelente trabajo automatizando la creación de gráficos, imágenes y diagramas para ayudar a los usuarios finales a ver y expresar sus datos. Hagamos un gráfico básico utilizando como ejemplo nuestros datos de ventas.

Sus variables independientes (fecha) y dependientes (resultados) se utilizan para crear un gráfico básico. Hemos elegido FechaPedido y Total de los menús desplegables de abajo.

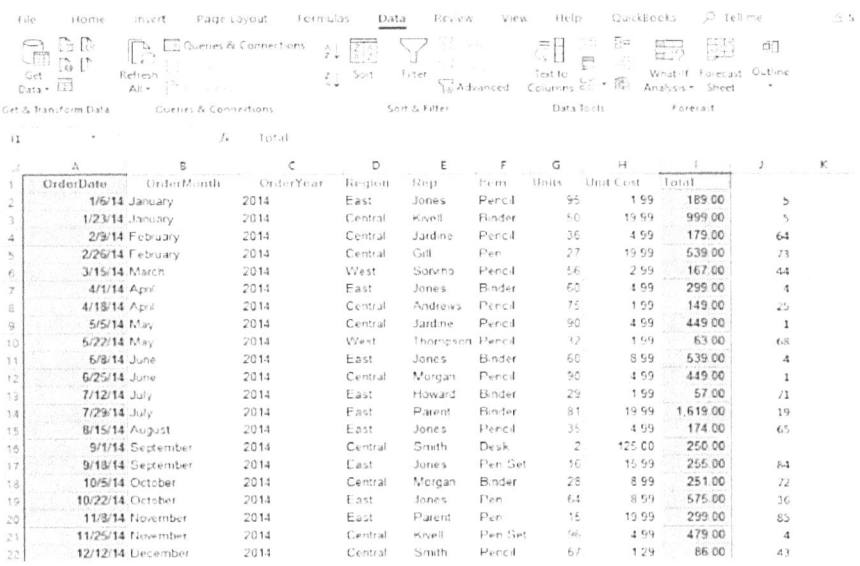

Todas las opciones de gráficos están disponibles haciendo clic en Insertar en la cinta de opciones. Y los gráficos de líneas señalarán las ventas totales de cada día en este ejemplo.

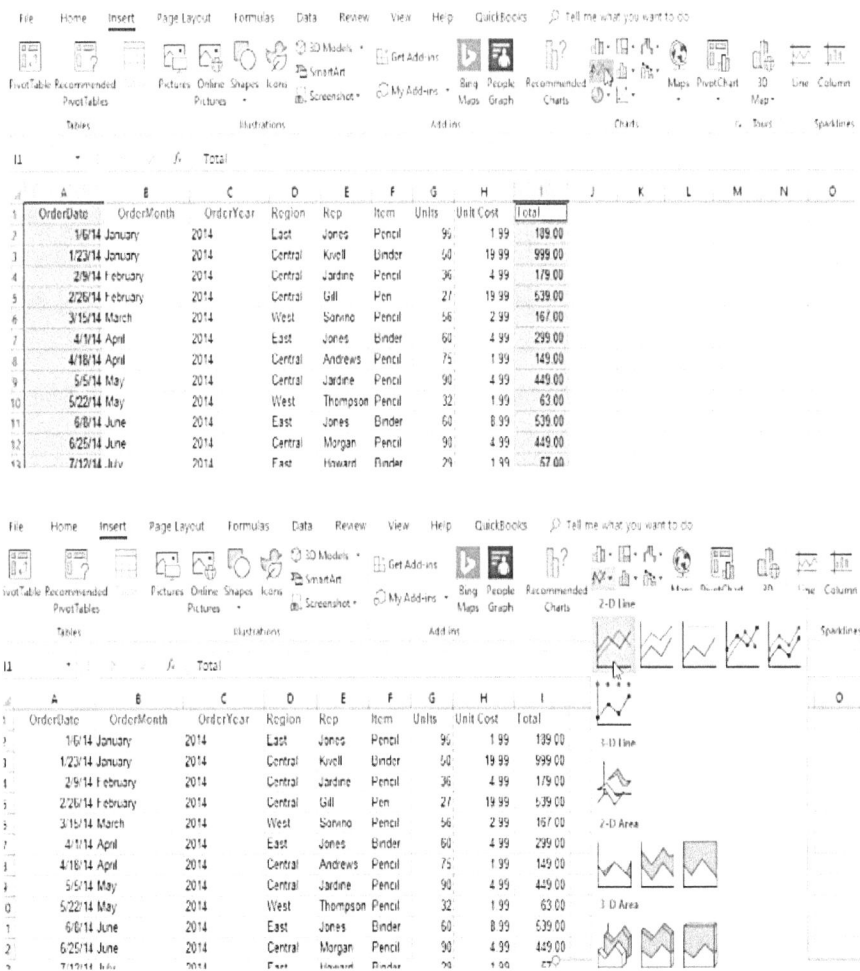

Excel facilita tanto la creación de gráficos que el título se incluye en los resultados. La próxima vez que tengas ocasión de reunirte, podrás construir rápidamente un gráfico básico sobre la marcha.

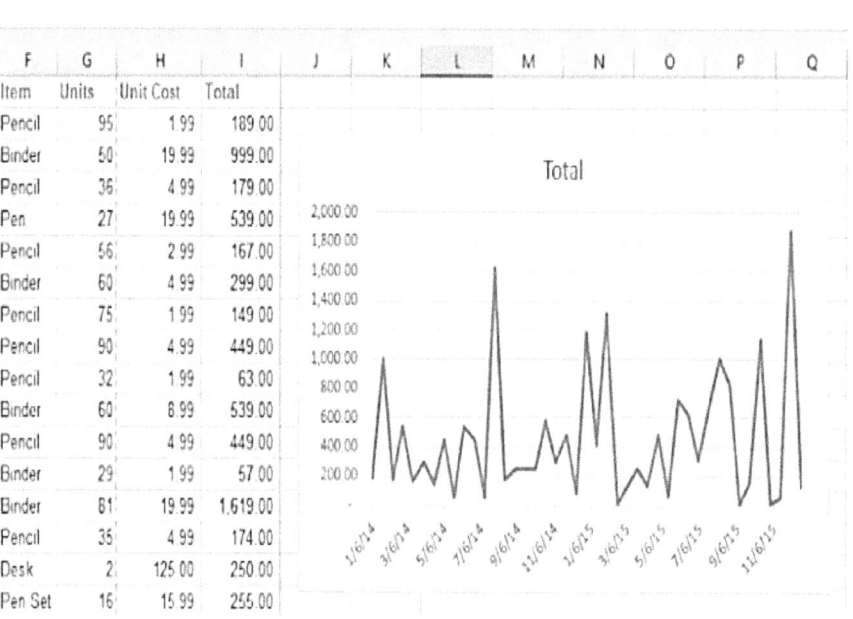

Item	Units	Unit Cost	Total
Pencil	95	1.99	189.00
Binder	50	19.99	999.00
Pencil	36	4.99	179.00
Pen	27	19.99	539.00
Pencil	56	2.99	167.00
Binder	60	4.99	299.00
Pencil	75	1.99	149.00
Pencil	90	4.99	449.00
Pencil	32	1.99	63.00
Binder	60	8.99	539.00
Pencil	90	4.99	449.00
Binder	29	1.99	57.00
Binder	81	19.99	1,619.00
Pencil	35	4.99	174.00
Desk	2	125.00	250.00
Pen Set	16	15.99	255.00

Capítulo 6: Excel para usuarios de nivel medio

6.1 Competencias intermedias

Una vez que domine los conceptos básicos, deberá aprender las capacidades intermedias de Excel. Esencialmente, estas capacidades ofrecen oportunidades y formas de gestionar y procesar datos con eficacia.

1. Vaya a la sección Especial.

La opción de hoja de cálculo IR A ESPECÍFICO le permite examinar una celda o rango de celdas específico. Debe abrir la pestaña Editar Búsqueda en la pestaña Inicio y seleccionar Ir a Avanzado para utilizarla.

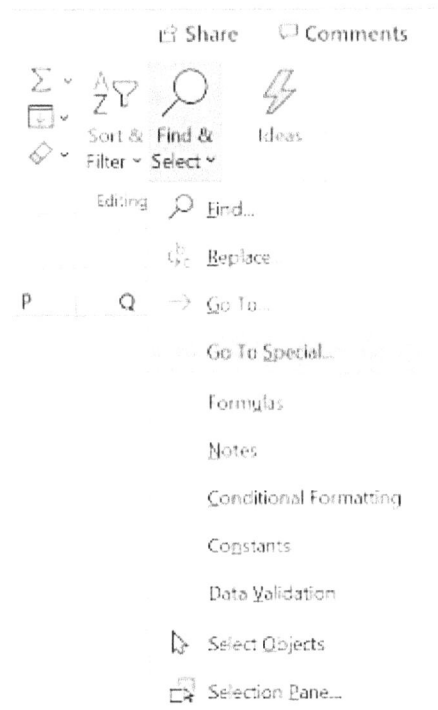

Como puede ver, incluye varias formas de seleccionar y utilizar distintas celdas.

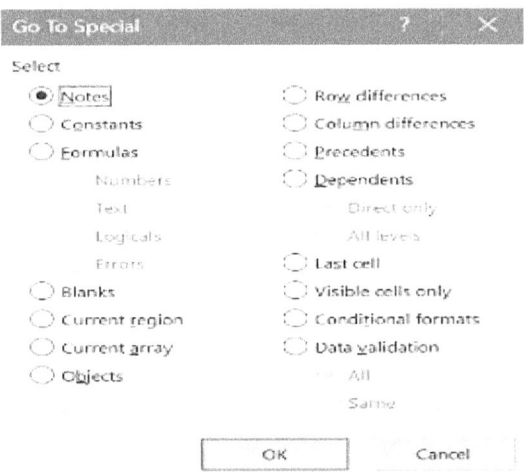

Por ejemplo, para las celdas en blanco, seleccione en blanco y haga clic en Aceptar, y todas las celdas en blanco se seleccionarán rápidamente.

Del mismo modo, si desea seleccionar celdas con fórmulas y devolver números, primero debe seleccionar las fórmulas, seleccionar los números y hacer clic en Aceptar.

2. Tabla dinámica

Uno de los métodos de evaluación de datos más eficaces son las tablas dinámicas. Se puede crear una tabla resumen a partir de una fuente de datos enorme. Siga los siguientes pasos para crear una tabla dinámica:

Sitúese en la pestaña Insertar y seleccione la opción Tabla dinámica.

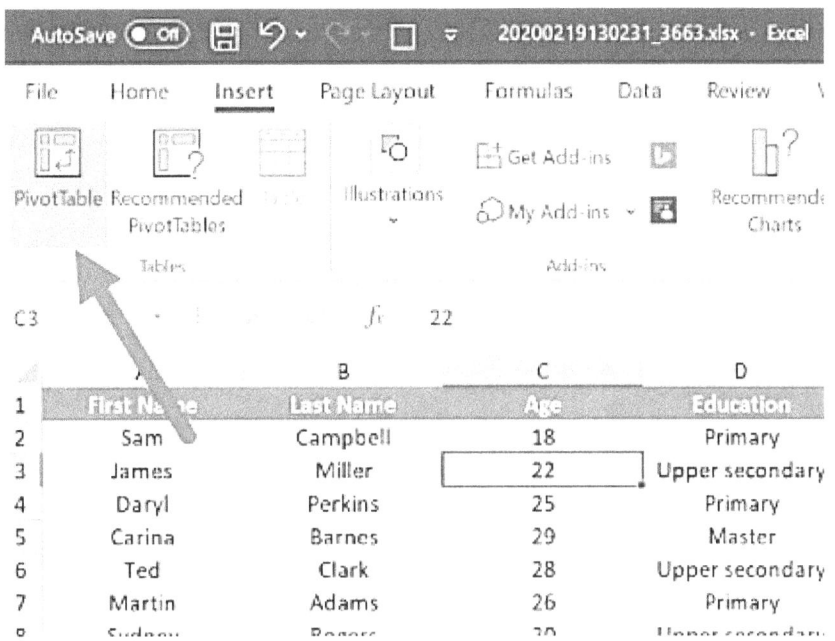

Aparecerá un cuadro de diálogo en el que podrá seleccionar los datos de origen, pero como ya ha seleccionado los datos, el intervalo se tomará automáticamente.

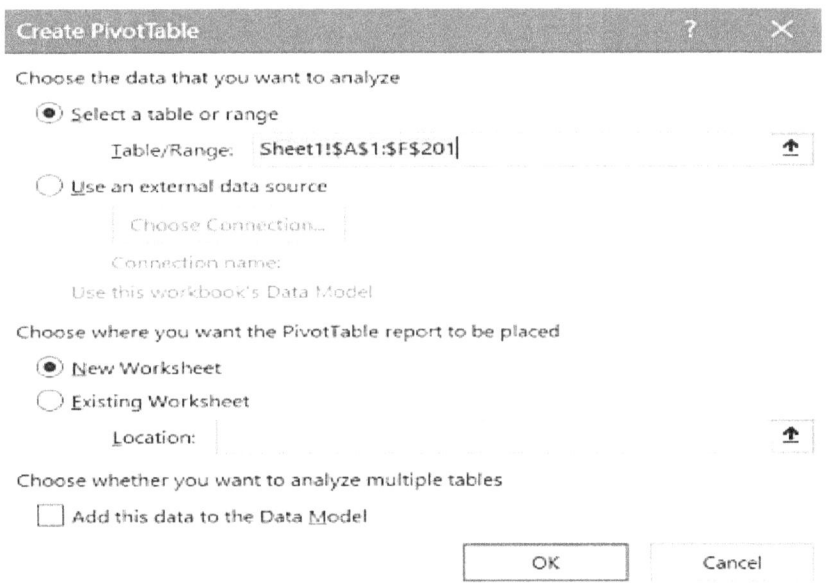

Cuando pulse OK, verás una barra lateral con el mismo aspecto que la de abajo, donde puedes arrastrar y soltar las filas, columnas y **valores.** Ahora, escribe las palabras "Edad" en las filas, "Estudios" en la **columna** y "Nombre" en los valores para completar la tabla.

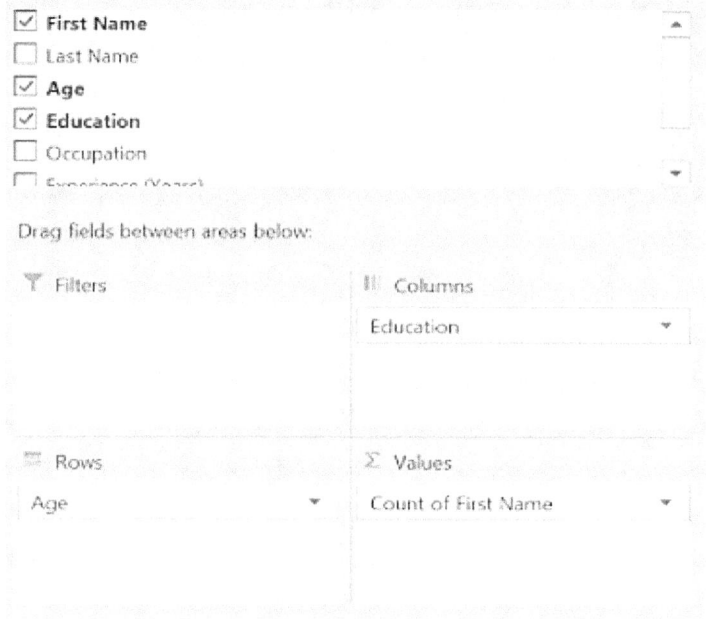

Después de hacer tus elecciones, obtendrás un gráfico de pivote similar al siguiente.

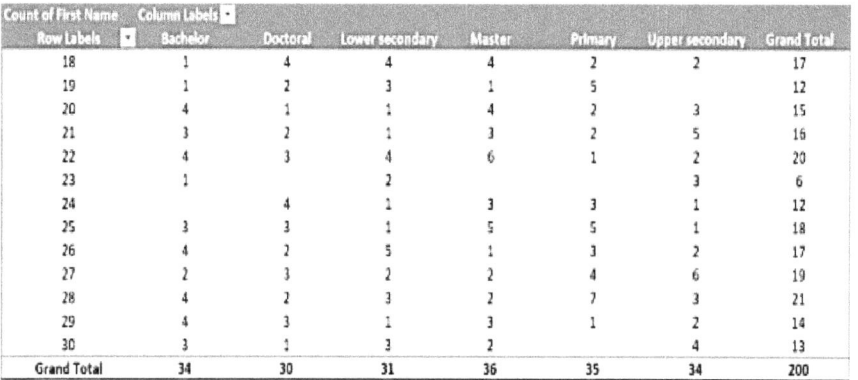

Count of First Name	Column Labels						
Row Labels	Bachelor	Doctoral	Lower secondary	Master	Primary	Upper secondary	Grand Total
18	1	4	4	4	2	2	17
19	1	2	3	1	5		12
20	4	1	1	4	2	3	15
21	3	2	1	3	2	5	16
22	4	3	4	6	1	2	20
23	1		2			3	6
24		4	1	3	3	1	12
25	3	3	1	5	5	1	18
26	4	2	5	1	3	2	17
27	2	3	2	2	4	6	19
28	4	2	3	2	7	3	21
29	4	3	1	3	1	2	14
30	3	1	3	2		4	13
Grand Total	34	30	31	36	35	34	200

3. Gama Nominal

Una celda o área de celda con nombre se denomina área con nombre. Cada celda en Excel tiene una dirección única que conecta la fila y la columna.

En un rango con nombre, sin embargo, puedes dar a esa celda o rango de celdas un nombre específico (común) y luego referirte a ella por ese nombre.

Imagina que tienes un impuesto en la celda A1; en lugar de utilizar una referencia, ahora puedes darle un nombre y utilizarlo en todos los cálculos. Para crear un rango con nombre, vaya a la pestaña Fórmula y seleccione Definir Nombres. Definir Nombre.

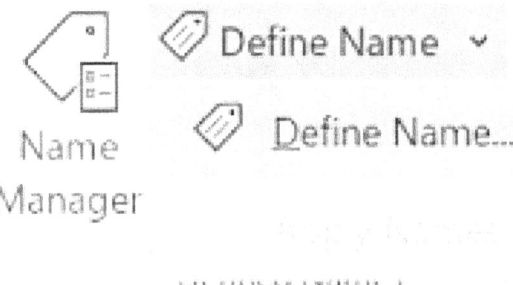

- Nombre de la región.
- Puede utilizar esta área en un libro de trabajo o simplemente en una hoja de cálculo.
- Si necesita añadir datos, hágalo en los comentarios.
- Luego está la dirección de la celda o rango.

Al hacer clic en Aceptar, Excel asigna este nombre a la celda A1, y puedes utilizarlo en los cálculos para referirte a ella.

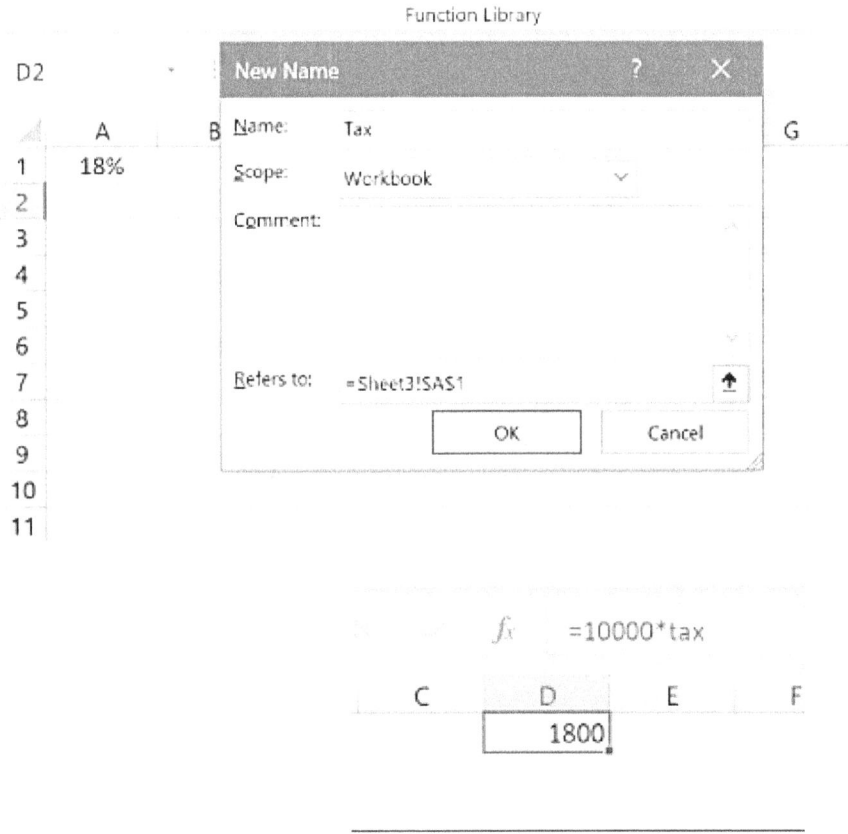

Puede crear un rango con nombre para un rango de celdas de forma similar y luego hacer referencia a él en las fórmulas.

4. Listas desplegables

Una lista desplegable es una lista predefinida de valores que permite introducir rápidamente datos int. Para crear un menú desplegable, vaya a la pestaña Datos. Datos. Datos. Validación de datos. Validación de datos.

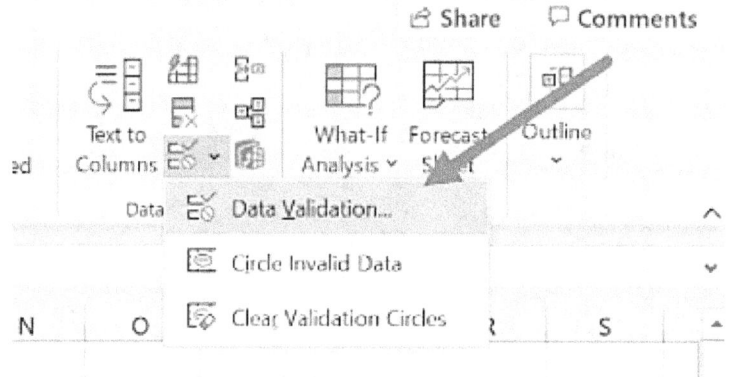

En el cuadro de diálogo Validación de datos, seleccione Lista en la lista permitida y seleccione el intervalo del que desea tomar valores en el campo de origen (también puede añadir valores directamente al cuadro de entrada de origen).

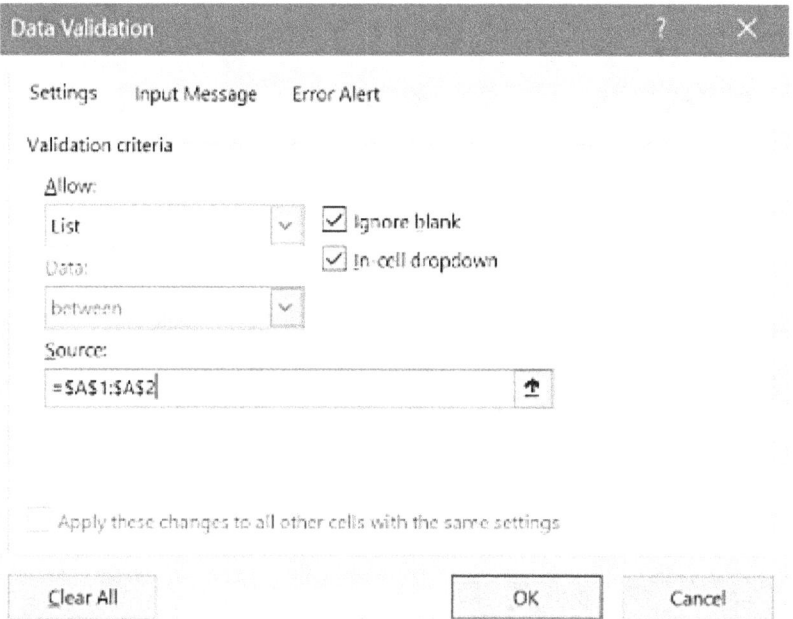

Por último, pulse Aceptar.

Cuando vuelva a la celda, aparecerá un menú desplegable en el que podrá seleccionar el valor que desea introducir en la celda.

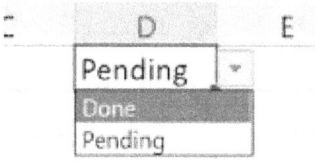

5. Formato condicional

El concepto básico del formato condicional es aplicar condiciones y fórmulas para dar formato, y lo mejor de todo es que hay más de 20 opciones disponibles con un solo clic.

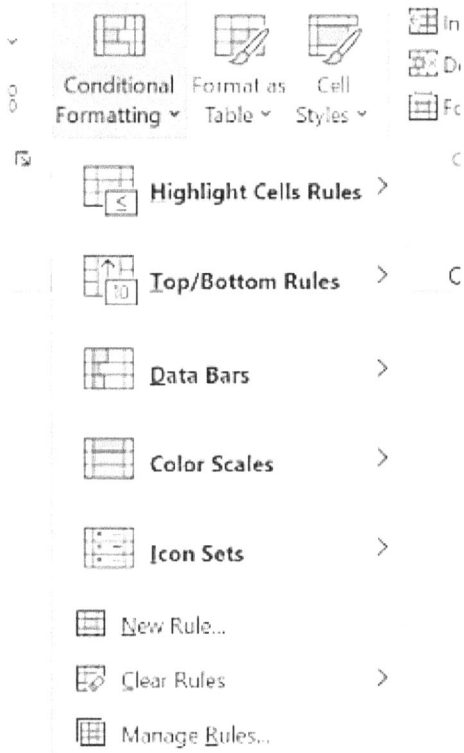

Por ejemplo, al resaltar todos los valores duplicados en un rango de celdas, debe ir a la pestaña Inicio y seleccionar Formato condicional Marcar reglas Valores duplicados.

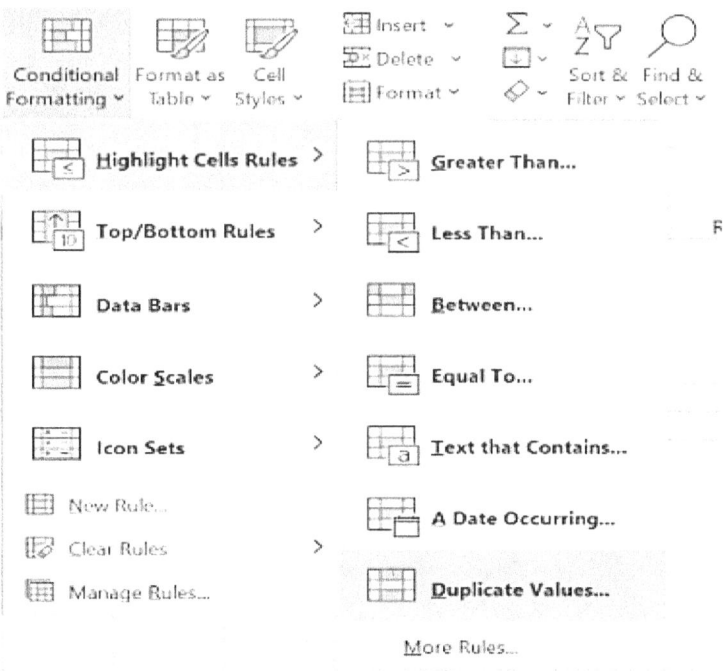

Además, puede utilizar barras de información, opciones de color e iconos.

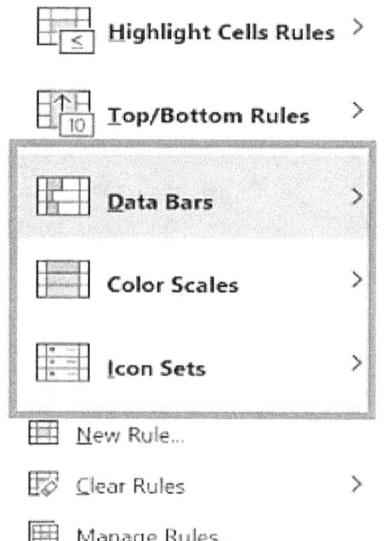

6. Botón Idea

Si utiliza Office 365, puede utilizar el nuevo botón Idea de Microsoft para ayudarle a analizar rápidamente los datos sugiriéndole otras formas de crear:

Gráfico de distribución de frecuencias

Tablas dinámicas

Gráficos de tendencias

Seleccione los datos y haga clic en una idea. Botón en la página de inicio para crear una idea.

Analiza los datos en cuestión de segundos antes de presentarle los resultados probables de la selección.

7. Uso de minigráficos

Las Sparklines son pequeños gráficos que pueden insertarse en una celda a partir de un conjunto de datos. Para añadir una Sparkline, vaya a la pestaña Insertar y seleccione Sparklines.

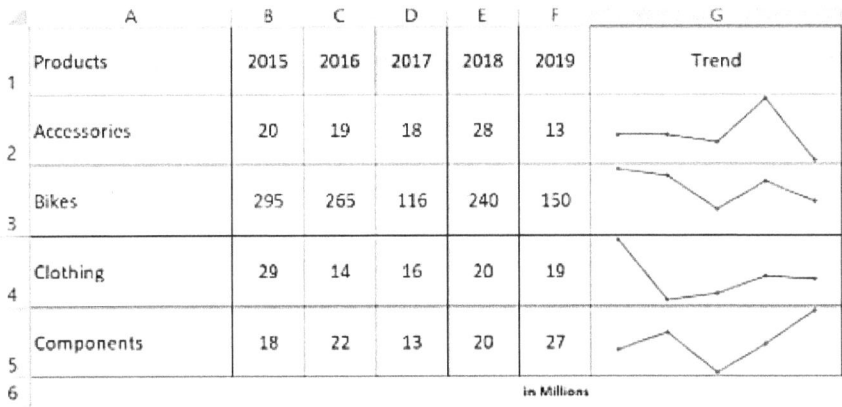

Puede utilizar tres líneas de brillo diferentes en una celda.

Línea

Fila

Columna

Ganar-Perder

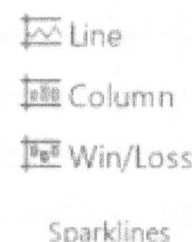

Cuando haga clic en el botón de chispa, un cuadro de diálogo le pedirá que seleccione el intervalo de datos de chispa y el área objetivo.

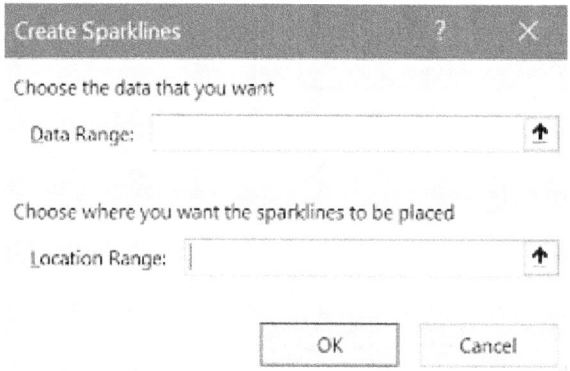

Además, la pestaña Sparkline le permite personalizar el gráfico cambiando su color, añadiendo etiquetas, etc.

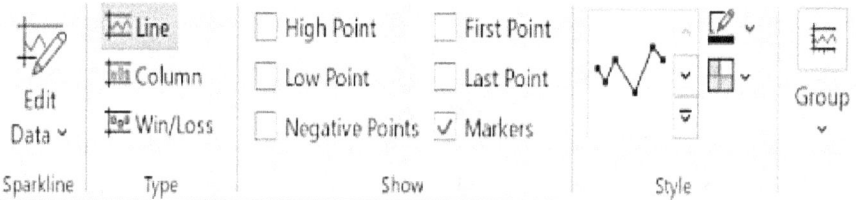

8. Texto a columna

Con la opción Texto a columna, puede dividir una columna en varias columnas utilizando un delimitador. Es un método eficaz para limpiar y convertir datos. La tabla siguiente tiene una columna con nombres y espacios entre nombres y apellidos.

First Name
Darby Mcnutt
Luke Pedro
Angele Westgate
Micheal Marquez
Milly Shill
Dona Enders
Emely Outler
Sandy Guild
Yuette Jaggers
Farah Matzke
Ardella Grasty
Weston Balli
Shameka Symonds
Annalisa Mcgovern
Classie Font
Elene Havel

Utilizando texto en una columna y espacio como separador, puede dividir esta columna en dos nombres (nombre y apellidos). Para empezar, vaya a la pestaña Detalles y seleccione la columna Texto.

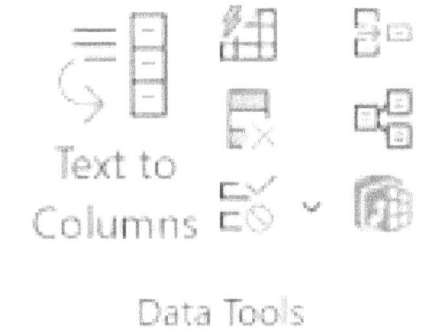

Ahora, elige el delimitador en el cuadro de diálogo y pulsa Siguiente.

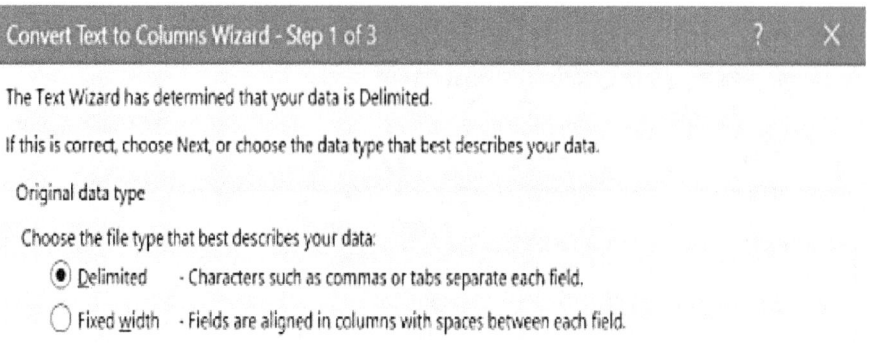

A continuación, marque el lugar con una marca. Como puedes ver, se ha utilizado un espacio para separar los datos de la columna.

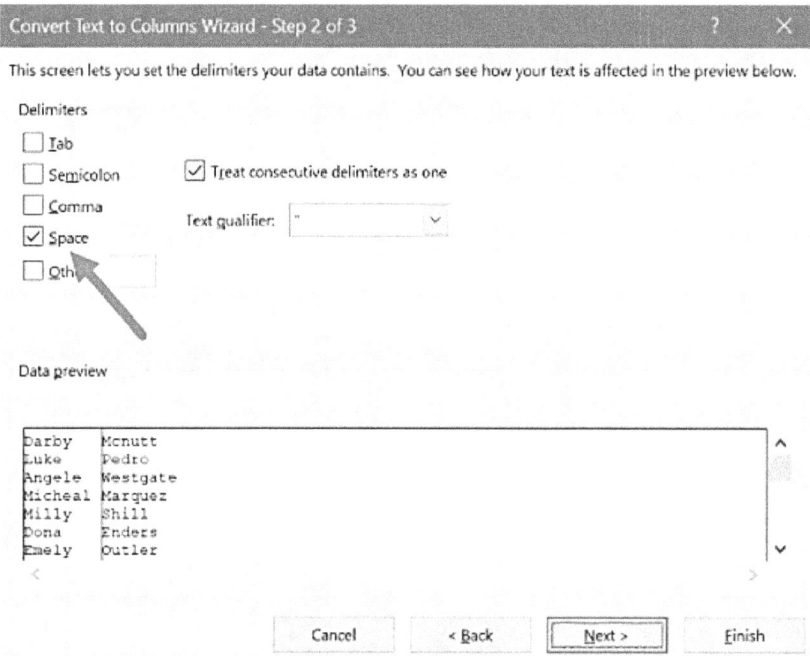

Por último, haz clic en Siguiente y sal para completar el proceso.

Al hacer clic en el botón Finalizar, divide una columna de nombre completo en dos columnas.

	A	B
1	**First Name**	**Last Name**
2	Darby	Mcnutt
3	Luke	Pedro
4	Angele	Westgate
5	Micheal	Marquez
6	Milly	Shill
7	Dona	Enders
8	Emely	Outler
9	Sandy	Guild
10	Yuette	Jaggers
11	Farah	Matzke
12	Ardella	Grasty

9. Herramienta de análisis rápido

Como su nombre indica, la herramienta de análisis breve permite evaluar datos con sólo uno o dos clics. Proporciona ciertas opciones preseleccionadas para ayudarle a analizar y presentar los datos. Cuando selecciona la información de un alumno junto con su puntuación, aparece un pequeño icono, el botón de la herramienta de análisis rápido, en la parte inferior de la pantalla.

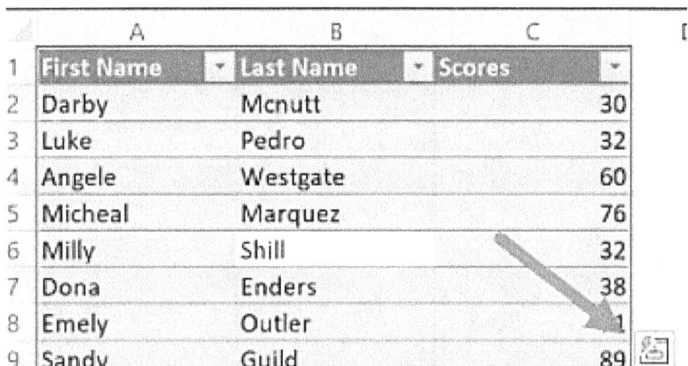

Al hacer clic en él, aparecen unas cuantas pestañas entre las que puede elegir alternativas. Veamos ahora cada pestaña por separado.

Formato: Esta pestaña le permite aplicar formato condicional a la tabla elegida, como barras de datos, escalas de color, conjuntos de iconos y otras reglas.

Conditional Formatting uses rules to highlight interesting data.

Gráficos: Esta página muestra algunos de los gráficos sugeridos que puede utilizar con los datos que ha elegido, o puede hacer clic en más gráficos para elegir un gráfico concreto.

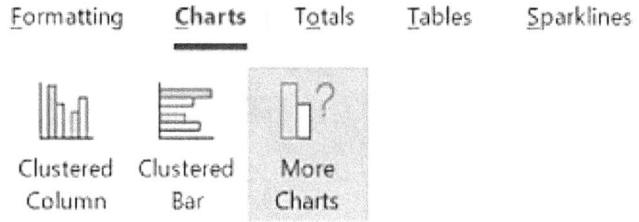

Recommended Charts help you visualize data.

Total: Desde esta página puede añadir rápidamente algunos de los cálculos fundamentales, como el recuento medio, el total acumulado y muchos más.

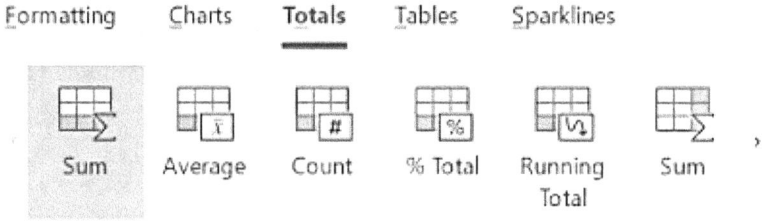

Formulas automatically calculate totals for you.

Cuadro: Puede insertar una tabla dinámica con los datos especificados y aplicar una tabla Excel desde esta pestaña.

Tables help you sort, filter, and summarize data.

Sparklines: Puede utilizar esta pestaña para añadir sparklines, que son pequeños gráficos que puede hacer dentro de una celda.

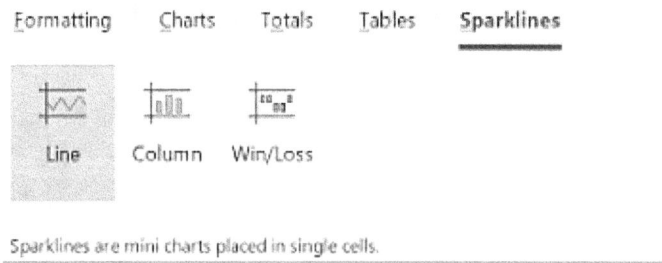

Sparklines are mini charts placed in single cells.

6.2 Atajos de teclado de Excel

1. Selecciona rápidamente filas, columnas o toda la hoja de cálculo.

Quizá tengas poco tiempo. ¿Quién no lo está? No hay problema si no tienes mucho tiempo. Con un solo clic, puedes seleccionar toda tu hoja de cálculo. Para resaltar todo el documento simultáneamente, haz clic en la pestaña de la esquina superior izquierda.

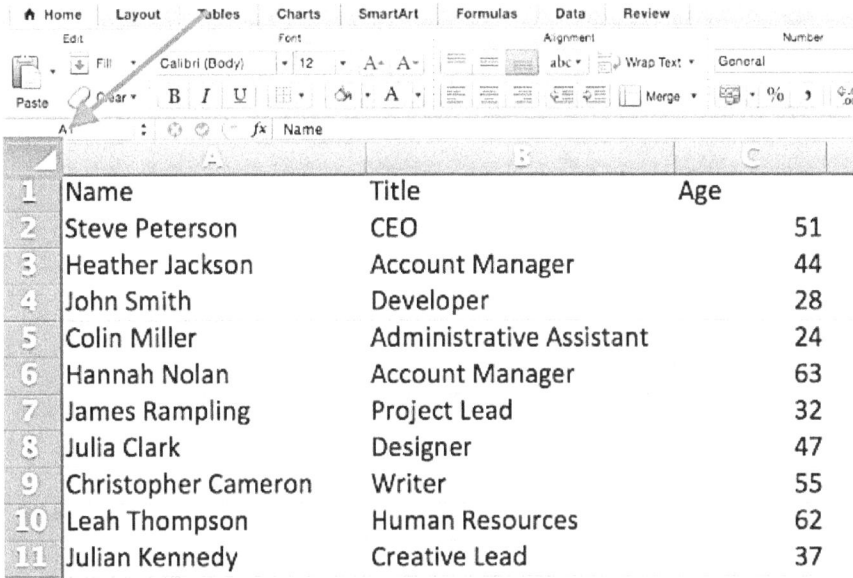

¿Quiere elegir todo lo que hay en una determinada columna o fila? Con estos atajos, es igual de sencillo:

Para Macintosh:

Comando + Mayúsculas + Abajo/Arriba = Seleccionar columna

Comando + Mayúsculas + Derecha/Izquierda + Seleccionar fila

Para PC

Control + Mayúsculas + Abajo/Arriba = Seleccionar columna

Control + Mayúsculas + Derecha/Izquierda = Seleccionar fila

Este atajo resulta muy útil cuando se trabaja con grandes conjuntos de datos pero es necesario elegir una pequeña parte de ellos.

	A	B	C
	B1	fx Title	
1	Name	Title	Age
2	Steve Peterson	CEO	51
3	Heather Jackson	Account Manager	44
4	John Smith	Developer	28
5	Colin Miller	Administrative Assistant	24
6	Hannah Nolan	Account Manager	63
7	James Rampling	Project Lead	32
8	Julia Clark	Designer	47
9	Christopher Cameron	Writer	55
10	Leah Thompson	Human Resources	62
11	Julian Kennedy	Creative Lead	37

2. Abra, cierre o cree una hoja de cálculo rápidamente.

¿Necesitas abrir, cerrar o crear un libro de trabajo rápidamente? Utilizando los métodos abreviados de teclado que se indican a continuación, cualquiera de las operaciones anteriores puede realizarse en menos de un minuto.

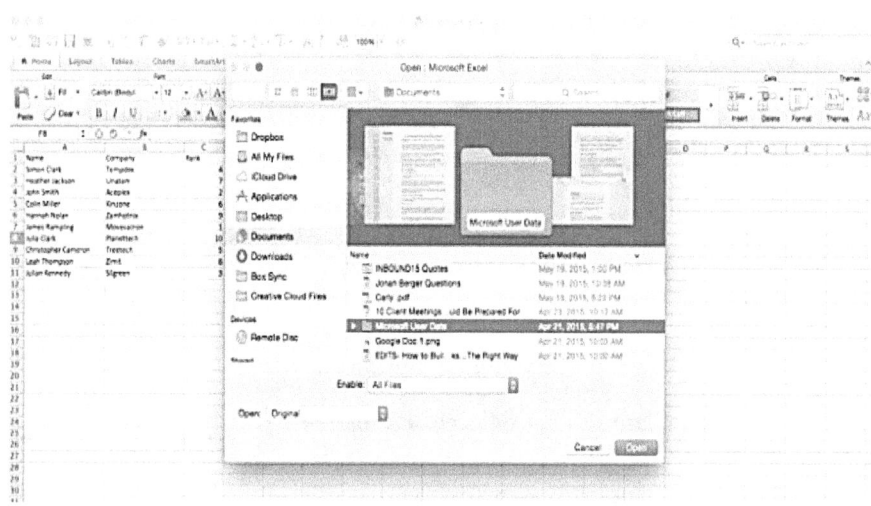

Para MAC

Abrir = Comando + O

Abrir = Comando + O

Para Nuevo Documento Comando + N

En PC

Para abrir = Control + O

Para Cerrar = Control + F4

Control + N = Para crear un nuevo documento

3. Convierte tus cifras a divisas.

¿Tiene datos sin procesar que le gustaría convertir en dinero? La respuesta es sencilla: cifras salariales, presupuestos de marketing o ventas de entradas para eventos. Pulsa Control + Mayúsculas + $ y elige las celdas que quieras reformatear.

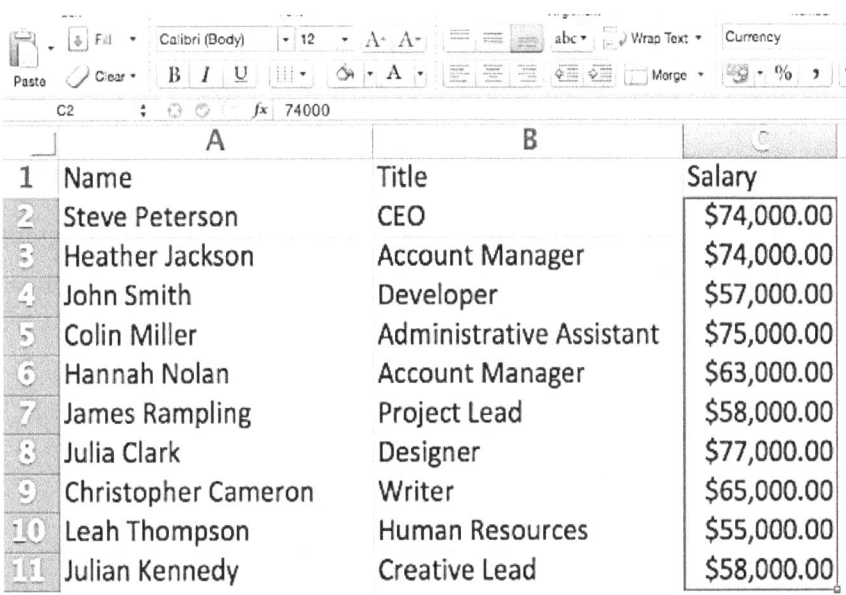

Tenga en cuenta que este atajo también funciona con porcentajes. Sustituya "$" por "porcentaje" si desea marcar una columna de valores numéricos como cifras "%".

4. Rellena una celda con la fecha y hora actuales.

Es posible que quieras añadir un sello a tu hoja de cálculo si estás documentando publicaciones en redes sociales o haciendo un seguimiento de las actividades que estás marcando en tu lista de tareas pendientes. Empieza por elegir la celda a la que se añadirá esta información.

A continuación, realiza una de las siguientes acciones, en función de lo que quieras insertar:

Control + ; (punto y coma) para insertar la fecha actual

Control + Mayúsculas + ; (punto y coma) para insertar la hora actual

Control + ; (punto y coma), ESPACIO y, a continuación, Control + Mayúsculas +; para insertar la fecha y la hora actuales.

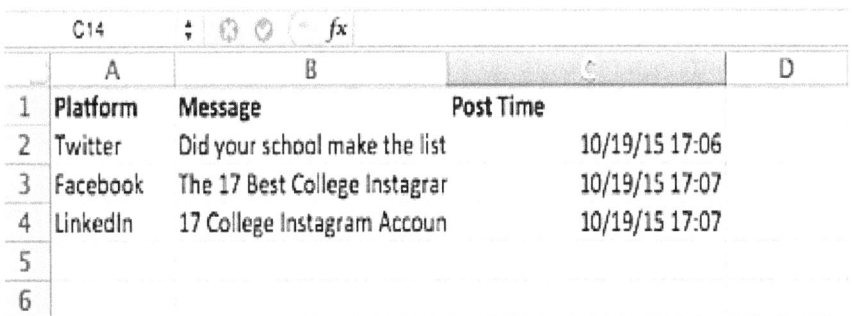

6.3 Trucos Excel

1. Cambia el color de las pestañas.

Supongamos que tienes muchas páginas diferentes en un mismo documento -lo que nos pasa a todos-: codifica las pestañas por colores para que te resulte más fácil encontrar a dónde tienes que ir. Por ejemplo, puedes poner en rojo los informes de marketing del mes pasado y en naranja los de este mes.

Para cambiar el color de la pestaña, haz clic con el botón derecho y elige "Color de pestaña". Aparecerá una ventana emergente que te permitirá elegir un color de un tema existente o diseñar uno que se ajuste a tus necesidades específicas.

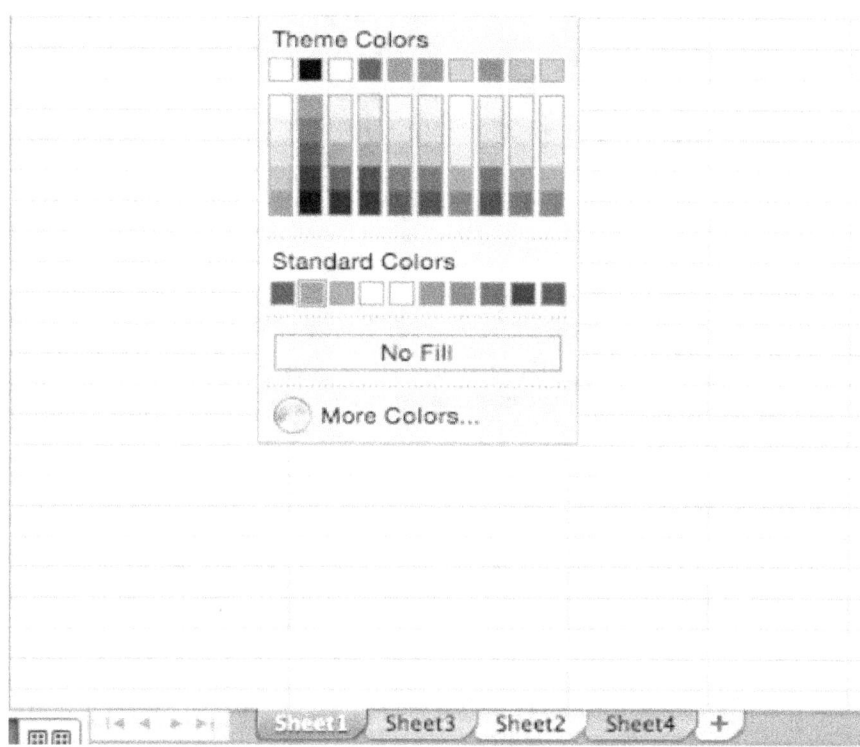

2. Haz una nota en una celda.

Cuando escribas una nota o añadas un comentario a una celda concreta de una hoja de cálculo, haz clic con el botón derecho del ratón en la celda deseada y selecciona Insertar comentario en el menú. Escríbalo en el área de texto y haga clic fuera del cuadro de comentario para guardarlo.

En la esquina de las celdas que contienen comentarios aparece un pequeño triángulo rojo. ¿Podrías pasar el ratón por encima del comentario para verlo?

B	C	D	E
Company	Rank		
Tempdex	4		
Unatam	7		
Aceplex	2		
Kinzone	6		
Zamhotnix	9		
Movesailron	1	Carly Stec: Great Job, James!!	
Planettech	10		
Treetech	5		
Zimit	8		
Silgreen	3		

3. Duplicar y copiar el formato.

Si alguna vez has dedicado tiempo a formatear una hoja a tu gusto, estarás de acuerdo en que no es la experiencia más placentera. Es más bien tediosa.

Como resultado, es poco probable que quieras - o necesites - repetir el procedimiento la siguiente vez. Puedes replicar el formato de una región de la hoja de cálculo a otra con el Copiador de formato de Excel.

Elige lo que quieras duplicar, luego ve al panel de control y selecciona la opción Copiar formato (el icono del pincel). Como se muestra a continuación, el cursor se convertirá en un pincel y te pedirá que elijas la llamada, el texto o la hoja de cálculo completa a la que deseas aplicar el formato.

1. Seleccione pulsar formato.

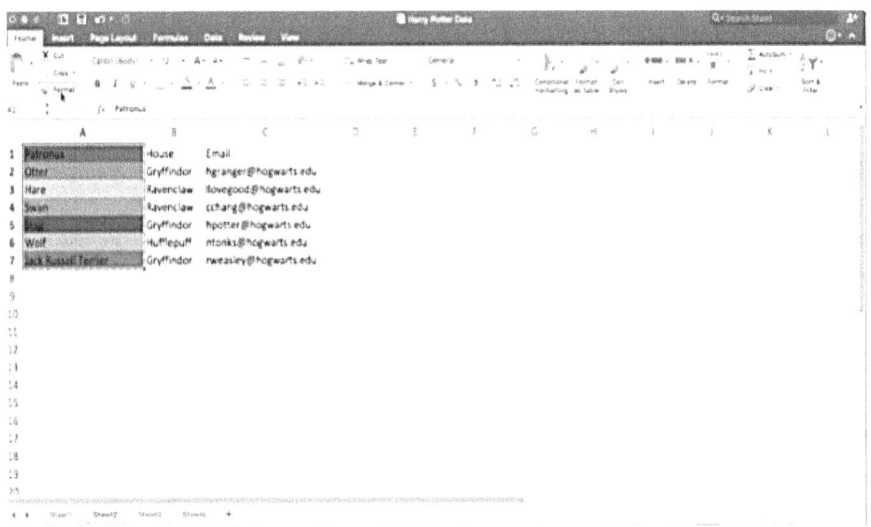

2. Añadir una nueva hoja

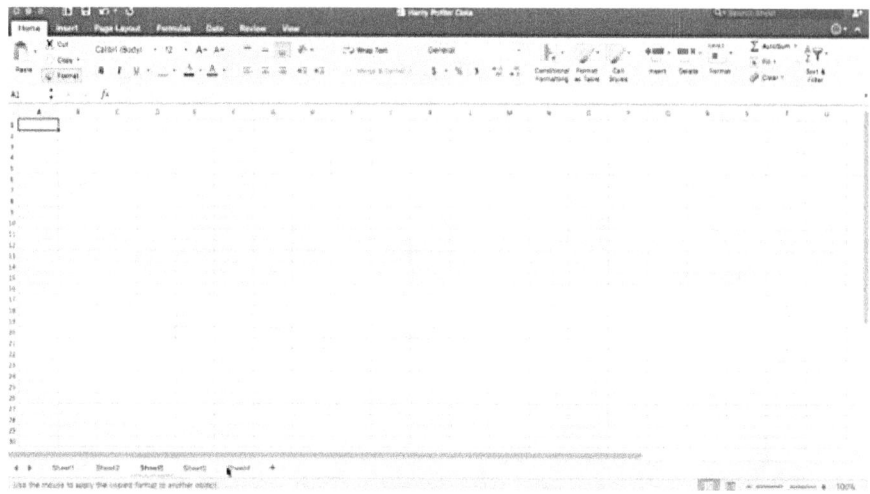

3. Seleccionar y pegar

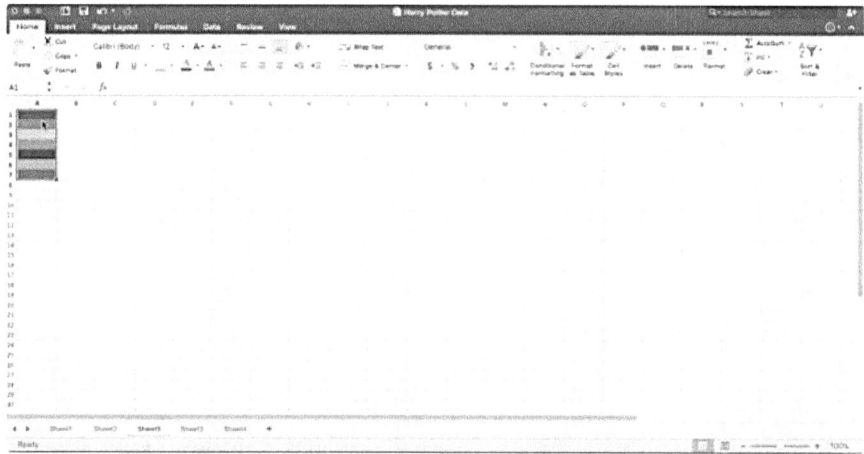

4. Busque valores duplicados.

Los valores duplicados, al igual que el contenido duplicado para SEO, pueden ser problemáticos si no se controlan en muchos casos. Sin embargo, lo único que hay que hacer en determinadas circunstancias es ser consciente de ello.

Sea cual sea la circunstancia, es sencillo encontrar cualquier valor duplicado existente en tu hoja de cálculo siguiendo unos sencillos pasos. Para ello, selecciona Resaltar reglas de celda > Valores duplicados en el menú Formato condicional.

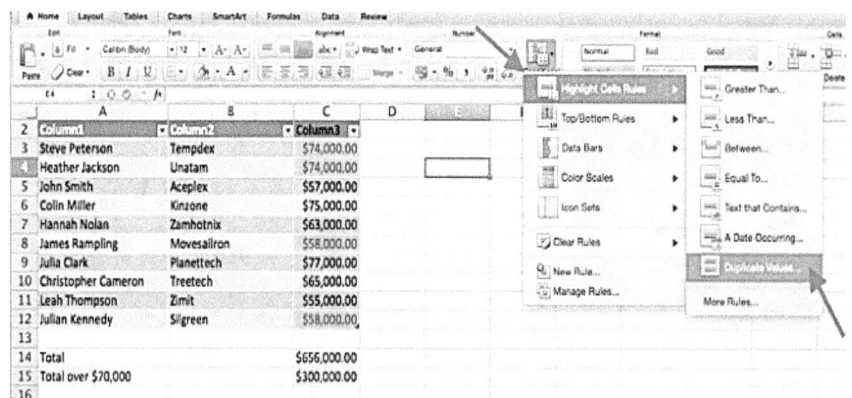

Cree una regla de formato para describir el mismo material que desea hacer aparecer mediante la ventana emergente.

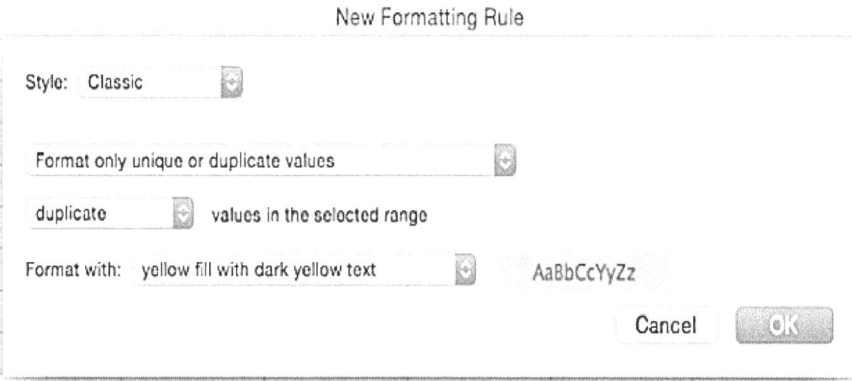

En el ejemplo anterior, formateamos las celdas duplicadas en amarillo para indicar los mismos salarios dentro del rango dado.

Excel es a menudo inevitable en marketing, pero estos consejos no tienen por qué intimidar. La práctica hace al maestro, como suele decirse. Estas fórmulas, atajos y métodos se convertirán en algo natural cuanto más los utilices.

Capítulo 7: Excel para usuarios avanzados

7.1 Funciones y fórmulas avanzadas de Excel

Excel ofrece una plétora de usos prácticos; la forma simple es utilizada por el 95% de los usuarios. Existen funciones y fórmulas avanzadas de Excel para realizar cálculos sofisticados. Las funciones están pensadas para facilitar la búsqueda y preparación de una gran cantidad de datos, mientras que las fórmulas avanzadas de Excel se utilizan para extraer nueva información de una colección de datos específica.

1. VLOOKUP

La función se utiliza para encontrar un dato específico en una gran cantidad de datos e introducirlo en la tabla recién creada. Es aconsejable ir a la sección de funciones. Puedes escribir 'VLOOKUP' en la pestaña de insertar función o buscarla en la lista. Una vez elegida, se abrirá un cuadro de asistente con un nuevo conjunto de opciones de cuadro.

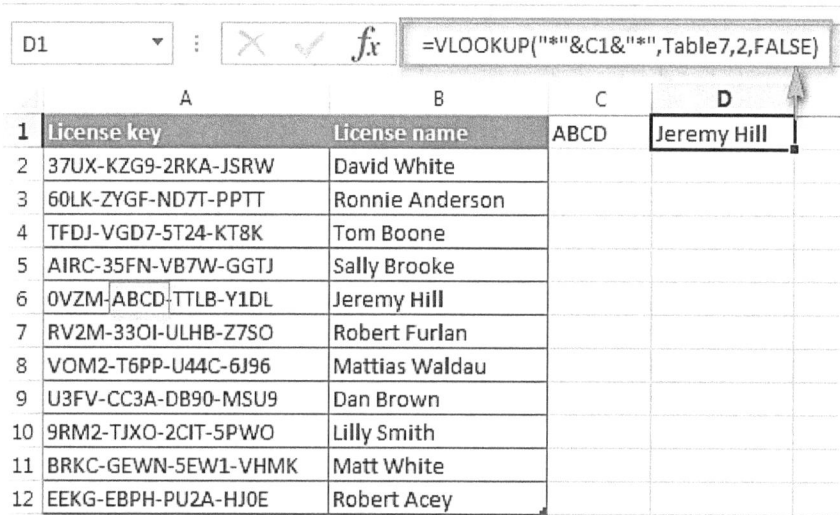

Puede introducir sus variables en los siguientes campos:

Valor de búsqueda

Es la opción en la que tus variables tecleadas buscarán información en las celdas de la tabla mayor.

Conjunto de tablas

Especifica el tamaño de la tabla enorme de la que se extraerán los datos. Determina el alcance de los datos que se desea elegir.

Col índice num

En este cuadro de comandos se especifica la columna de la que deben obtenerse los datos.

Búsqueda por rangos

En esta casilla puede escribir verdadero o falso. Si nada coincide con las variables, la opción correcta recogerá los datos más cercanos a lo que desea descubrir. Si introduce false, le dará el número exacto que está buscando o mostrará #N/A si no se pueden recuperar los datos.

2. INDEX MATCH

Fórmula

=INDEX(E9:C3,MATCH(C3,B13:C9,0),MATCH(B14,E3:C3,0))

Es una versión más sofisticada de las fórmulas VLOOKUP y HLOOKUP (con varios inconvenientes y limitaciones). INDEX MATCH es una potente combinación de fórmulas de Excel que puede ayudarte a mejorar tus análisis y modelos financieros.

INDEX es una función de tabla que devuelve el valor de una celda en función del número de columna y fila.

MATCH devuelve la posición de fila o columna de una celda.

He aquí un ejemplo de combinación de las fórmulas INDEX y MATCH. En este ejemplo, buscamos y devolvemos la altura de una persona en función de su nombre. Podemos modificar el nombre y la altura del cálculo ya que ambos son variables.

Para utilizar INDEX

A continuación se incluyen los nombres, las estaturas y los pesos de los participantes. Querríamos buscar la altura de Kevin utilizando la fórmula ÍNDICE... He aquí un ejemplo de cómo hacerlo.

Sigue los siguientes pasos:

1. Escribe "=INDEX(" luego selecciona el área de la tabla y añade una coma.

2. Escribe el número de fila de Kevin, "4", seguido de una coma.

3. Cierre el corchete después de escribir el número de columna de altura "2".

4. "5,8" es el resultado.

	A	B	C	D	E	F
1						
2			1	2	3	
3		1	Name	Height	Weight	
4		2	Sally	6.2	185	
5		3	Tom	5.9	170	
6		4	Kevin	(5.8)	175	
7		5	Amanda	5.5	145	
8		6	Carl	6.1	210	
9		7	Ned	6.0	180	
10						
11						
12			=INDEX(C3:E9,4,2)			
13						
14						

Para utilizar MATCH

Usando el mismo ejemplo anterior, utilicemos MATCH para determinar a qué fila pertenece Kevin.

Sigue los siguientes pasos:

Enlaza con la celda "Kevin", el nombre que queremos localizar con precisión escribiendo "=MATCH(" y enlazando con la celda "Kevin", el nombre que queremos buscar.

Todas las celdas de la columna Nombre (incluida la cabecera "Nombre") deben estar seleccionadas.

Para una coincidencia exacta, escriba "0".

Como consecuencia, Kevin se encuentra en la fila "4".

	A	B	C	D	E	F
1						
2			1	2	3	
3		1	Name	Height	Weight	
4		2	Sally	6.2	185	
5		3	Tom	5.9	170	
6		4	Kevin	5.8	175	
7		5	Amanda	5.5	145	
8		6	Carl	6.1	210	
9		7	Ned	6.0	180	
10						
11						
12			5.8			
13		Kevin	=MATCH(B13,C3:C9,0)			
14						

Para descubrir en qué columna está Altura, utiliza MATCH una vez más.

Siga los siguientes pasos:

Vincule a la celda "Altura" el criterio que queremos observar escribiendo "=MATCH(" y vinculando a la celda que contiene "Altura", el criterio que queremos buscar.

Seleccione todas las celdas de la fila superior de la tabla.

Para una coincidencia exacta, escriba "0".

Como consecuencia, la altura aparece en la columna "2".

	A	B	C	D	E	F
1						
2			1	2	3	
3		1	Name	Height	Weight	
4		2	Sally	6.2	185	
5		3	Tom	5.9	170	
6		4	Kevin	5.8	175	
7		5	Amanda	5.5	145	
8		6	Carl	6.1	210	
9		7	Ned	6.0	180	
10						
11						
12			5.8			
13		Kevin	4			
14		Height	=match(B14,C3:E3,0)			

Combinar MATCH e INDEX

Ahora podemos utilizar las dos fórmulas MATCH para sustituir el "4" y el "2" en el cálculo INDEX original. Al final, tendrás una fórmula INDEX MATCH.

Sigue los siguientes pasos:

Cortar la fórmula MATCH de Kevin y sustituir el "4".

Sustituya el "2" de la fórmula MATCH para la altura por éste.

Se calcula que la altura de Kevin es "5,8".

¡Has creado con éxito una fórmula dinámica INDEX MATCH!

	A	B	C	D	E	F	G
1							
2			1	2	3		
3		1	Name	Height	Weight		
4		2	Sally	6.2	185		
5		3	Tom	5.9	170		
6		4	Kevin	5.8	175		
7		5	Amanda	5.5	145		
8		6	Carl	6.1	210		
9		7	Ned	6.0	180		
10							
11							
12			=INDEX(C3:E9,MATCH(B13,C3:C9,0),MATCH(B14,C3:E3,0))				
13		Kevin					
14		Height					

3. SUMIF

En Excel, la función SUMIF es útil para sumar todos los números de un rango de celdas según una condición determinada (por ejemplo, es igual a 2000).

SUMIF es una función incorporada en Excel que también puede utilizarse como función de hoja de cálculo.

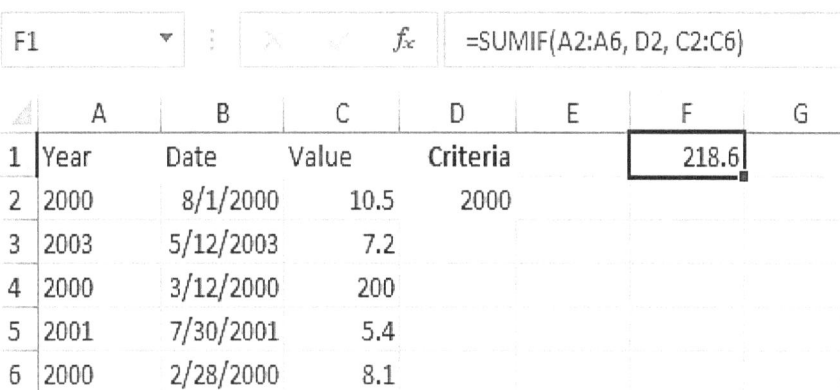

Ejemplo

Para mostrar rangos con nombre, vaya a la parte superior de la barra de herramientas de la pantalla y seleccione la pestaña Fórmulas. Selecciona Gestor de nombres en el menú desplegable Nombres definidos del grupo Nombres definidos.

Aparecerá la ventana del Gestor de nombres.

4. RUNDOWN

En Microsoft Excel, la función REDONDEAR devuelve un valor redondeado a un número determinado de valores.

La función REDONDEAR es una función numérica incorporada en Excel.

La sintaxis es: REDONDEAR (número, dígitos)

Ejemplo:

REDONDEAR (A1, 0)

El resultado es 662

5. ROUNDUP

En Microsoft Excel, la función ROUNDUP genera un número que redondea a un número especificado de valores.

La función ROUNDUP en Excel es una función incorporada clasificada como función numérica.

La sintaxis es ROUNDUP(número, dígitos).

Ejemplo:

	C1				f_x	=ROUNDUP(A1, 0)
	A	B	C	D	E	F	G
1	662.79		663				
2	54.1						
3							
4							
5							
6							

ROUNDUP(A1, 0)

El resultado es 663

6. SUMPRODUCT

En Microsoft Excel, la función SUMPRODUCT multiplica los elementos de las matrices y devuelve el total. SUMPRODUCT es una función incorporada en Excel que se clasifica como función numérica.

La sintaxis es SUMPRODUCT(array1, [array2, ... array_n])

Ejemplo:

	A1		=	1		
	A	B	C	D	E	
1	1	2		5	6	
2	3	4		7	8	
3						
4						
5						
6						

=SUMPRODUCTO(A1:B2, D1:E2)

El resultado es 70

7. TEXTO

En Microsoft Excel, la función TEXTO produce un resultado convertido a texto en un formato específico. La función TEXTO es una función de texto incorporada en Excel. En una celda de la hoja de cálculo, la función TEXTO puede utilizarse como parte de una fórmula.

La sintaxis es TEXTO (valor, formato)

Ejemplo:

	E1	▼		f_x	=TEXT(A1, "$#,##0.00")		
	A	B	C	D	E	F	G
1	7678.868		12-Dec-03		$7,678.87		
2	123.65						
3							
4							
5							
6							

Basándose en el archivo Excel anterior, se devolverían las siguientes muestras de TEXTO:

=TEXT(A1, "$#,##0.00")

La cifra final es de 7.678,87 $.

8. Y

La función Y de Microsoft Excel devuelve VERDADERO si todos los criterios son verdaderos. Devuelve FALSE si alguno de los criterios es falso. La función AND es una función lógica incorporada en Excel.

La sintaxis es AND (condición1, [condición2], ...)

Ejemplo:

	D1	▼		f_x	=AND(A1>10, A1<40)	
	A	B	C	D	E	F
1	30			TRUE		
2	www.techonthenet.com					
3						
4						
5						
6						

La hoja de cálculo Excel de arriba muestra las siguientes muestras AND se devolvería:

=AND(A1>10, A1>40)

El resultado es TRUE.

9. SI

La función SI en Microsoft Excel proporciona un valor si la condición es VERDADERA y otro valor si la condición es FALSA. La función SI es una función lógica incorporada en Excel.

La sintaxis es IF(condición, valor si es verdadero, [valor si es falso])

Ejemplo:

	A	B	C	D	E	F
				fx	=IF(B2<10, "Reorder", "")	
	A	B	C	D	E	F
1	Item	Quantity		IF Result	IF Result (with ELSE)	
2	Apples	7		Reorder	Reorder	
3	Oranges	30		FALSE		
4	Bananas	21		FALSE		
5	Grapes	3		Reorder	Reorder	
6						

=IF(B210, "Reordenar", "") =IF(B210, "Reordenar", "") =

"Reordenar" es el resultado.

10. CONTAR

En Microsoft Excel, la función que se denomina CONTAR, le indica la cantidad de celdas que contienen números y la cantidad de entradas que contienen números. La función CONTAR es una función estadística/de recuento incorporada en Excel.

La sintaxis es CONTAR [argumento2,... argumento n])

Ejemplo:

	A	B	C	D	E	F
	C1			fx	=COUNT(A1:A6)	
	A	B	C	D	E	F
1	www.techonthenet.com		3			
2		32				
3						
4	123abc					
5		89				
6		-12				

=CONTEO (A1:A6)

El resultado final es 3.

11. COUNTA

En Microsoft Excel, la función COUNTA cuenta el número de celdas vacías y el número de parámetros de valor suministrados. La función COUNTA es una función estadística/de recuento integrada en Excel. COUNTA(argumento1, [argumento2,... argumento n]) es la sintaxis.

Ejemplo:

C8	▾	:	×	✓	f_x	=COUNTA(C2:C7)	

	A	B	C	D	E	F
1	Last Name	First Name	Math	Biology	Chemistry	
2	Jackson	Joe	A+		B	
3	Smith	Jane		A-	A+	
4	Ferguson	Samantha			C	
5	Reynolds	Allen	B	B		
6	Anderson	Paige	A-			
7	Johnson	Derek			A	
8	**Number of Students**		3	2	4	
9						

	A	B	C	D	E	F	G
1							
2		Data Cell	150				
3							
4		Condition 1	100	>=			
5		Condition 2	999	<=			
6		Result if true	100				
7		Result if fales	0				
8							
9		Live Formula	=IF(AND(C2>=C4,C2<=C5),C6,C7)				
10							
11							

13.OFFSET combinado con SUM/AVERAGE

Sintaxis:

=SUMA (Desplazamiento: B4 (0,B4,1-E2))

La función OFFSET no es tan complicada por sí misma, pero cuando se combina con otras funciones como AVERAGE o SUM, podemos crear una fórmula bastante compleja. Imaginemos lo siguiente: Deseas hacer una función dinámica que pueda sumar un número variable de celdas. Puedes hacer un cálculo estático con la fórmula SUM estándar, pero puedes mover la referencia de celda añadiendo OFFSET.

¿Cómo funciona? Para que esta fórmula funcione, sustituimos la celda de comparación que termina con la función SUMA por la función OFFSET. Esto hace que la fórmula sea más dinámica, y puedes decirle a Excel cuántas celdas continuas quieres leer en una sola celda llamada E2. ¡Ya tenemos fórmulas complejas de Excel! Esta fórmula significativamente más complicada se muestra en la captura de pantalla de abajo.

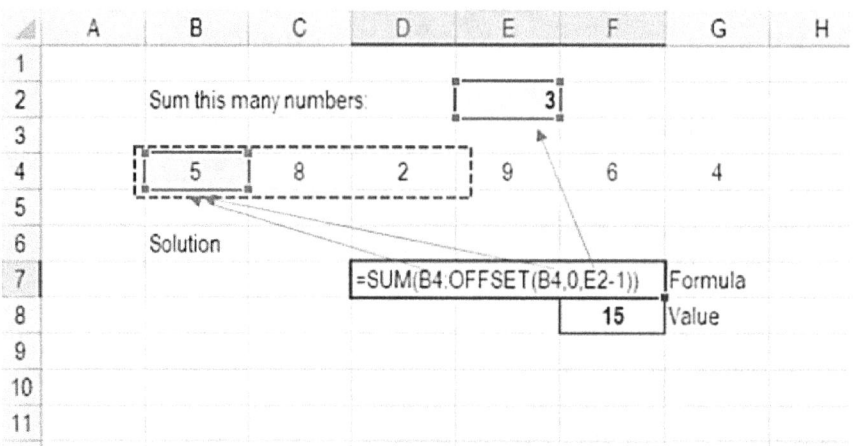

La fórmula SUM empieza en la celda B pero termina con una variable; La fórmula OFFSET empieza en la celda B y continúa hasta la celda E2 ("3") menos uno. Desplaza la cantidad al final de la fórmula a dos celdas, un total de tres años de datos (incluyendo el punto de partida). La fórmula shift y sum nos dan 15 en las celdas B :D, como se muestra en la celda F7.

14. ELEGIR

Sintaxis: =SELECT(selección, selección1, selección2, selección3) La función SELECT es ideal para analizar escenarios en la modelización financiera. Permite elegir entre varias opciones y devolver la "decisión" tomada. Supongamos que tiene tres previsiones diferentes de crecimiento de las ventas para el próximo año: 5%, 12% y 18%. Si le dice a Excel que quiere la opción nº 2, puede obtener un rendimiento del 12% con la fórmula SELECT.

	A	B	C	D	E	F	G
1							
2							
3			Option 1	5%			
4			Option 2	12%			
5			Option 3	18%			
6							
7		Selection ->	2	=CHOOSE(C7,D3,D4,D5)			
8							
9							
10							
11							

15. Funciones de CELDA, IZQUIERDA, MEDIA y DERECHA

Estas sofisticadas funciones de Excel pueden generar algunas fórmulas complicadas y avanzadas. La función CELDA puede devolver diversos datos sobre el contenido de una celda (por ejemplo, nombre, ubicación, fila, columna, etc.). El método IZQUIERDA devuelve el texto desde el inicio de la celda (de izquierda a derecha), la función MEDIA devuelve el texto desde el inicio de cualquier celda (de izquierda a derecha) y la función DERECHA devuelve el texto desde el final de la celda (de derecha a izquierda).

Las tres fórmulas se muestran en el siguiente diagrama.

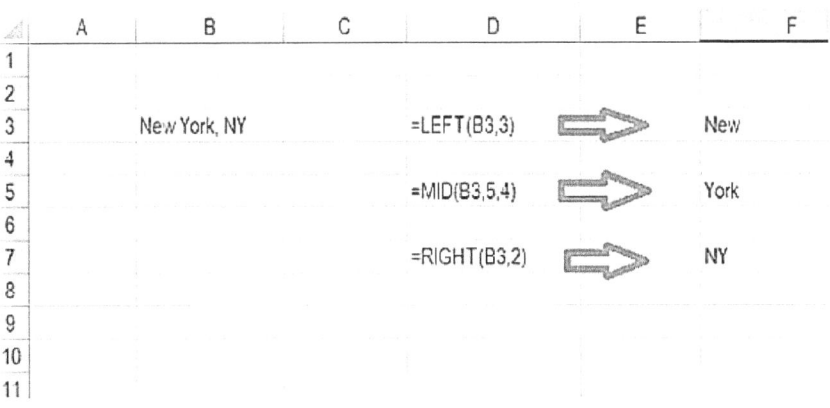

16. CONCATENAR

Sintaxis:

=A1&" más texto"

Concatenar no es una función en sí misma; es simplemente una técnica creativa para unir datos de celdas separadas y hacer más dinámicas las hojas de cálculo. Es una herramienta muy eficaz para los analistas financieros que realizan modelizaciones financieras (consulte nuestra guía gratuita sobre modelización financiera para obtener más información).

El texto "Nueva York" más "se combina lógicamente con "NY" para convertirse en "Nueva York, NY" en el ejemplo siguiente. Permite generar encabezados y etiquetas de hoja de cálculo dinámicos. En lugar de actualizar la celda B8, puedes actualizar las celdas B2 y D2 por separado. Es una habilidad crucial cuando se trata de una enorme colección de datos.

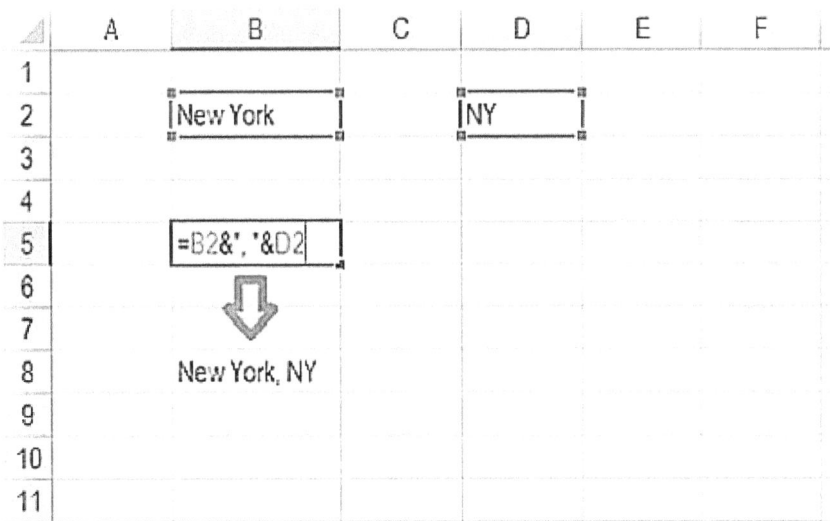

17. LEN y TRIM

Las fórmulas mostradas anteriormente son menos frecuentes, pero sin duda son avanzadas. Los analistas financieros que necesitan organizar y gestionar grandes volúmenes de datos pueden beneficiarse de ellas. Por desgracia, los datos obtenidos no siempre están bien organizados, y pueden surgir espacios adicionales al principio o al final de las celdas.

La fórmula LEN proporciona el número de caracteres de una cadena de texto especificada, lo que resulta útil para contar cuántos caracteres hay en un texto.

El siguiente ejemplo muestra cómo el algoritmo TRIM limpia los datos de Excel.

Sintaxis: =LEN(texto) y =TRIM(texto)

18. PMT e IPMT

Necesitará conocer estas dos fórmulas que son muy útiles en banca comercial, inmobiliaria, FP&A o cualquier otro puesto de analista financiero que trabaje con calendarios de deuda.

La fórmula PMT calcula el valor de realizar pagos iguales a lo largo de la vida de un préstamo. Puede utilizarla en combinación con la IPMT (que le muestra cuántos intereses pagará por el mismo préstamo) y, a continuación, separar los pagos de principal e intereses.

He aquí cómo utilizar la fórmula PMT para calcular el pago mensual de la hipoteca de un préstamo de 1 millón de dólares con un tipo de interés del 5% a lo largo de 30 años.

La sintaxis es =PMT(tipo de interés, nº de periodos, valor actual)

19. XNPV y XIRR

Estas fórmulas le resultarán útiles si trabaja en banca de inversión, investigación de renta variable, planificación y análisis financiero (FP&A) o cualquier otro ámbito de las finanzas corporativas que requiera descontar flujos de caja.

Said, XNPV y XIRR te permiten aplicar fechas precisas a cada flujo de caja descontado. Las fórmulas estándar VAN y TIR de Excel tienen el defecto de suponer que los intervalos de tiempo entre los flujos de caja son iguales. Como analista, te encontrarás con casos en los que los flujos de caja no están espaciados regularmente de forma uniforme, y esta fórmula es la forma de corregirlo.

La sintaxis es =XNPV(tipo de descuento, flujos de caja, fechas)

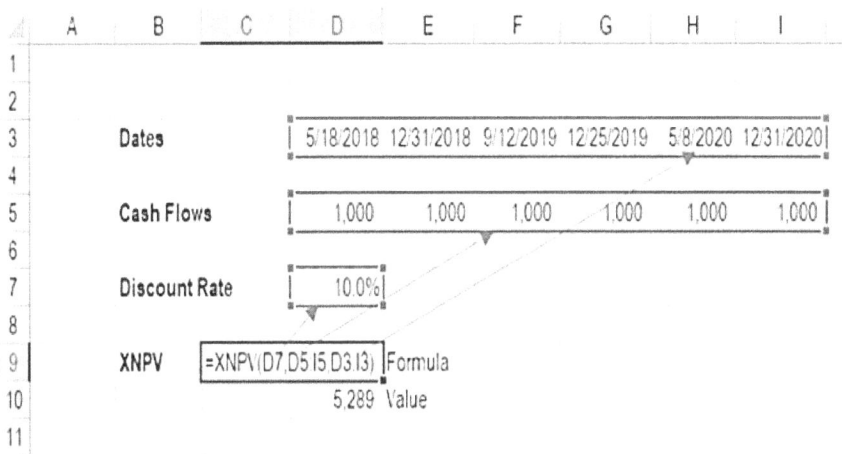

20. SUMIF y COUNTIF

Las funciones condicionales se utilizan eficazmente en estas dos sofisticadas fórmulas. Todas las celdas que cumplen los requisitos especificados se suman en SUMIF, y todas las celdas que cumplen ciertos criterios se cuentan en COUNTIF. Por ejemplo, supongamos que es relevante para yotto cuántas botellas de champán se necesitan para un evento de un cliente contando todas las celdas que son mayores o iguales a 21 (la edad legal para beber en Estados Unidos). La imagen de abajo demuestra que COUNTIF puede ser usado como una solución avanzada.

La sintaxis es =COUNTIF(D5:D12,">=21")

	A	B	C	D	E	F	G	H
1								
2								
3								
4				Age				
5				19				
6				26				
7				20				
8				19				
9				29				
10				31				
11				21				
12				25				
13								
14				=COUNTIF(D5:D12,">=21")				
15								

Capítulo 8: Tablas en Microsoft Excel

8.1 Qué son las tablas de Excel

Las tablas en Excel sirven como contenedores de almacenamiento de datos. Las tablas de Excel sirven como armarios y gabinetes de datos en las hojas de cálculo, guardando y ordenando la información que contienen. El uso de tablas en Excel facilita y agiliza la consulta de grandes cantidades de datos. Las tablas de Excel pueden ser de ayuda para reducir el tiempo de trabajo. Habrá una referencia a esa columna concreta en los encabezados de la tabla de Excel. Las tablas son muy útiles cuando se trabaja con grandes volúmenes de información.

Preparación de la información:

- Antes de construir la tabla Excel, siga estas directrices para organizar los datos.

- Los datos se organizan en filas y columnas: cada fila contiene información sobre un único registro y cada columna incluye información sobre varios registros.

- Cada columna de la primera fila de la lista debe tener un título conciso y descriptivo y ser diferente de las demás columnas. Los datos de cada columna de la lista deben limitarse a un único tipo de información.

- Debe incluirse una única entrada en cada fila de la lista.

- En la lista no debe haber filas ni columnas en blanco, ni columnas vacías.

- Entre la lista y el resto de la información de la hoja de cálculo debe haber como mínimo una fila y una columna vacías para separar los datos de los elegidos y garantizar que no se sobrescriban.

Una tabla suele estar formada por datos enlazados introducidos en filas y columnas; sin embargo, también puede estar formada por una sola fila o columna si es necesario. La siguiente captura de pantalla ilustra la diferencia entre un rango estándar y una tabla:

Range of cells					*Excel table*			
Item	Jan	Feb	Mar		Item	Jan	Feb	Mar
Lemons	$300	$220	$240		Lemons	$300	$220	$240
Bananas	$190	$190	$170		Bananas	$190	$190	$170
Apples	$220	$170	$220		Apples	$220	$170	$220
Peaches	$180	$200	$220		Peaches	$180	$200	$220
Oranges	$220	$190	$120		Oranges	$220	$190	$120
Total	$1,110	$970	$970		Total	$1,110	$970	$970

8.2 Cómo crear una tabla en Microsoft Excel

Cuando los usuarios añaden datos vinculados a una hoja de cálculo, es posible que se refieran a ellos como "tabla", que es una terminología inexacta. Para modificar un grupo, primero hay que especificar el formato del rango de celdas como tabla. Es habitual encontrar más de un método para realizar la misma tarea en Excel.

- **Creación de una tabla Excel**

Existen tres métodos diferentes para construir una tabla en Excel.

Cree una tabla en Excel organizando sus datos en filas y columnas y, a continuación, haga clic en cualquier celda de su colección de datos y seleccione una de las opciones que se indican a continuación:

1. La tabla se encuentra en la categoría Tablas de la pestaña Insertar. Insertar una tabla con el estilo por defecto se logrará utilizando este comando.

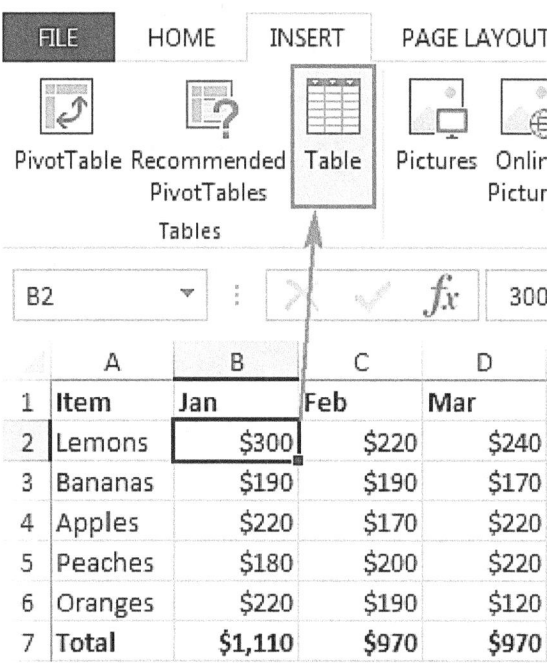

2. Formato como tabla se encuentra en la pestaña Inicio, en la categoría Estilos, y se selecciona de una lista de estilos de tabla preestablecidos.

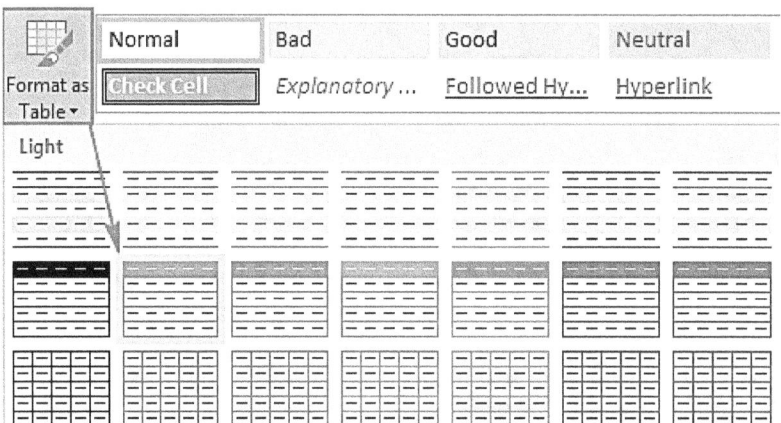

3. Atajo de teclado para tablas de Excel: Si prefieres operar desde el teclado en lugar de utilizar el ratón, escribiendo la siguiente combinación de teclas generarás una tabla de la forma más rápida: Ctrl+T

Independientemente del enfoque que elijas, Microsoft Excel seleccionará automáticamente el bloque completo de celdas en cuestión. A continuación, comprueba que el rango elegido es correcto, marca o desmarca la opción "Mi tabla incluye encabezados" y haz clic en Aceptar.

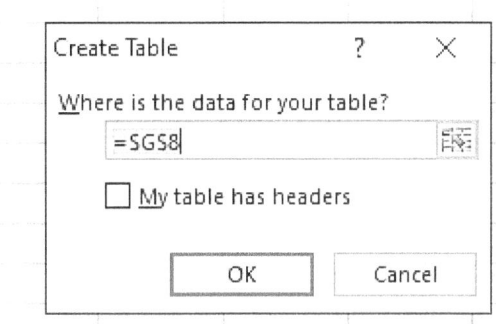

Gracias a ello se forma una tabla atractivamente estructurada en su hoja de cálculo. Cuando la observas por primera vez, parece un rango estándar, con botones de filtro en la fila de cabecera, ¡pero hay más que eso!

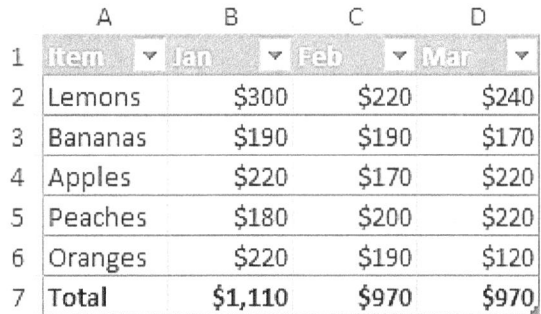

8.3 ¿Cuál es la ventaja de utilizar una tabla Excel?

Las tablas de Excel son útiles por diversas razones. En la mayoría de los casos, las tablas se emplean para los siguientes fines:

- **El estilo y el formato son aspectos importantes**

Una vez transformados los datos en una tabla, Excel presenta la información de forma visualmente atractiva. Sin embargo, esto puede ajustarse en función de las necesidades. Los usuarios pueden elegir entre una serie de estilos de diseño de tabla seleccionándolos en el menú Diseño de tabla.

Cuando se introducen nuevos datos en una tabla de Excel, ésta se amplía automáticamente al insertar más datos en una fila o columna adyacente. La tabla en Excel automáticamente

automáticamente y se envuelve sobre sí misma. Otra característica es que las filas o columnas adicionales se disponen de forma coherente con el resto de la tabla, en función de los números de fila y columna.

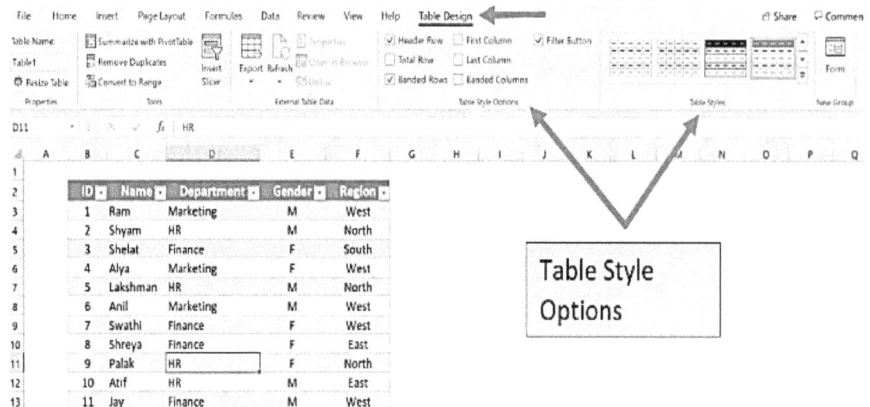

- **Cambiar el nombre de la tabla**

Una de las características de Microsoft Excel es la opción de dar a una tabla un nombre descriptivo. Esto facilita mucho la referencia a los datos de la tabla cuando se trabaja con fórmulas. Algunos nombres no están permitidos. Algunas reglas que hay que recordar al dar nombre a una tabla.

- Cada tabla de una hoja de cálculo debe tener un nombre único.

- En el nombre de una tabla sólo deben utilizarse letras, números y el carácter de subrayado. No se permiten espacios ni otros caracteres especiales.

- El primer carácter del nombre de una tabla debe ser una letra o un guión bajo; no es aconsejable utilizar un número como primer carácter del nombre de una tabla.

- El nombre de una tabla puede tener hasta 255 caracteres.

Cualquier celda dentro de la tabla se mostrará en la cinta si la pestaña Diseño de Herramientas de Tabla está seleccionada en el grupo Herramientas de Tabla. Dentro de la sección Propiedades de esta pestaña, verá el Nombre de la tabla. Introduzca un nuevo nombre en lugar del nombre genérico y pulse la tecla Intro para cambiarlo.

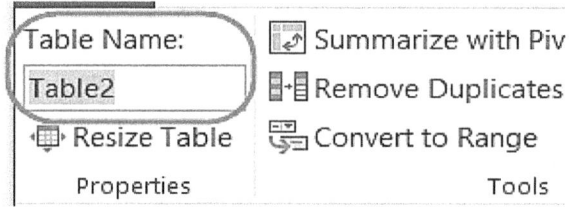

8.4 Características de la tabla Excel

Las tablas de Excel incluyen muchas características útiles.

Como se ha indicado anteriormente, las tablas de Excel ofrecen muchas ventajas sobre los rangos de datos tradicionales en términos de presentación. Así que, ¿por qué no utiliza las increíbles capacidades ahora disponibles con un solo clic de botón?

- **Opciones integradas de clasificación y filtrado**

En la mayoría de los casos, ordenar y filtrar datos en una hoja de cálculo sólo requiere unos pocos pasos. La fila de encabezamiento de las tablas automáticamente incluye flechas de filtro, que permiten aplicar distintos filtros de texto y numéricos, ordenar en orden ascendente o descendente, ordenar por colores o construir un orden de clasificación personalizado.

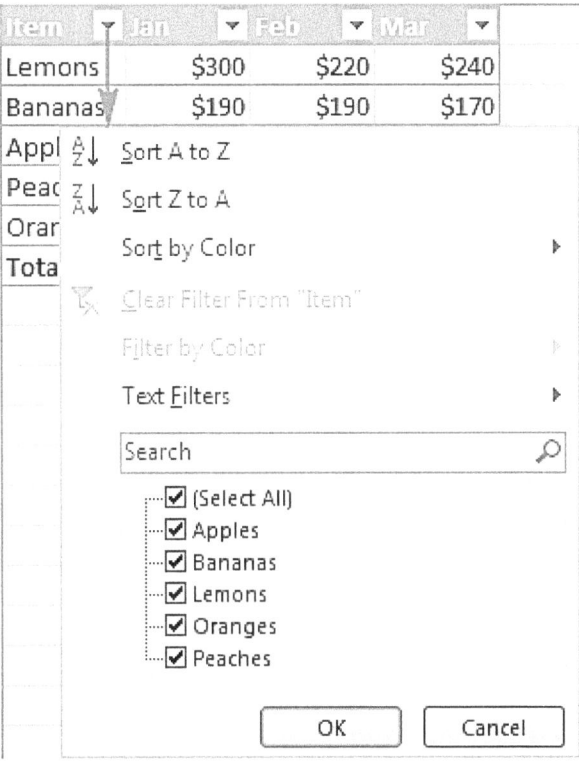

Las flechas de filtro pueden ocultarse fácilmente seleccionando el grupo de la pestaña Diseño > Opciones de estilo de tabla y desmarcando la casilla Botón de filtro. Si no tiene intención de filtrar los datos, puede ocultar rápidamente las flechas de filtro seleccionando el cuadro Botón de filtro y desmarcando la casilla Botón de filtro.

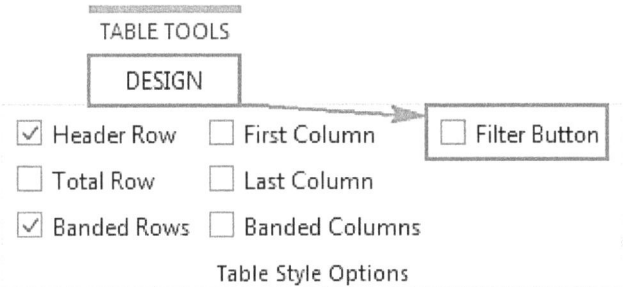

Como alternativa, puede utilizar el método abreviado de teclado Mayús+Ctrl+L para alternar entre ocultar y mostrar las flechas de filtro.

Además, con Excel 2013 y versiones posteriores, puede construir un rebanador para filtrar rápida y eficazmente los datos de la tabla.

- **Las cabeceras de las columnas permanecen visibles incluso al desplazarse por la página.**

Siempre puede ver la fila de cabecera cuando se trata de una tabla enorme que cabe en una pantalla. Si esto no le funciona, primero debe elegir cualquier celda dentro de la tabla antes de desplazarse por ella.

- **Formato práctico (estilos de tabla de Excel)**

Una tabla recién formada ya se ha estructurado con filas en bandas, bordes, coloreado y otros elementos, entre otras características. El formato predeterminado de la tabla puede cambiarse fácilmente eligiendo uno de los más de 50 diseños preestablecidos accesibles en la galería Estilos de tabla del menú Diseño.

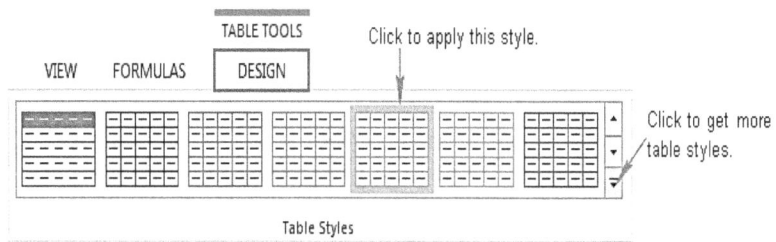

Además de permitirle cambiar los estilos de las tablas, la pestaña Diseño le permite activar y desactivar los siguientes elementos de la tabla:

Fila de cabecera: Esta fila muestra cabeceras de columna que permanecen visibles incluso cuando se desplazan los datos de la tabla.

Fila total: Esta función añade una fila de totales al final de la tabla, con varias funciones predefinidas entre las que elegir para personalizar el aspecto.

Hilera de bandas y columnas de bandas: Verá un sombreado alternativo de filas o columnas cuando utilice filas con bandas o columnas con bandas.

La primera y la última columna: La primera y la última columna de la tabla se formatearán por separado de las demás.

Botón de filtro: El botón Filtro activa la visibilidad de las flechas de filtro en la fila de cabecera.

Las Opciones de Estilo de Tabla por defecto se muestran en la siguiente imagen: Opciones de estilo de tabla:

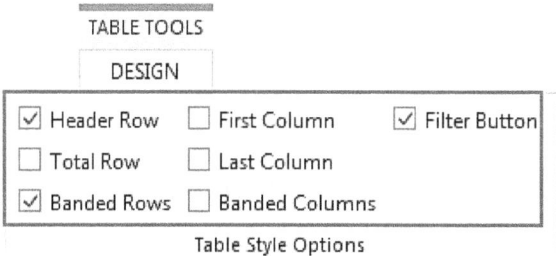

- **Crecimiento automático de la tabla para acomodar nueva información**

Añadir filas o columnas adicionales a una hoja de cálculo suele implicar dar más formato y reformatear los datos. Pero no si has organizado la información en una tabla. En Excel, si escribes algo junto a una tabla, el programa cree que quieres añadir un nuevo elemento y amplía la tabla para contener la nueva información.

Cuando se añade nueva información a una tabla, ésta se amplía automáticamente.

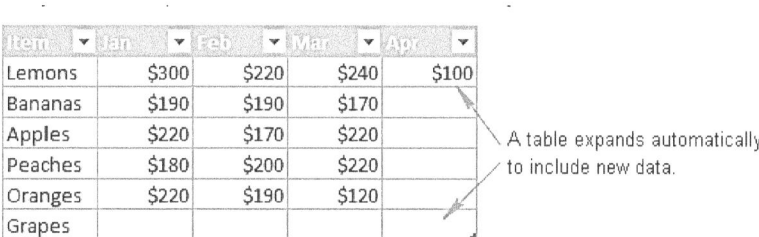

A table expands automatically to include new data.

Se ve en la imagen de arriba, donde se ha mantenido la coloración alternativa de las filas (filas con bandas), pero se ha modificado el diseño de la tabla para acomodar la fila y la columna recién añadidas.

columna. Sin embargo, no sólo se ha ampliado el estilo de la tabla; también se han actualizado las funciones y fórmulas de la tabla para dar cabida a los datos adicionales.

En otras palabras, en cualquier momento una tabla Excel es, por definición, una "tabla dinámica", y se amplía dinámicamente para acomodar números adicionales, de forma muy parecida a un rango dinámico con nombre.

Para deshacer la ampliación de la tabla, haz clic en el botón Anular de la barra de herramientas de acceso rápido o pulsa Ctrl+Z en el teclado como harías normalmente para deshacer las modificaciones más recientes de la tabla.

- **Para insertar o eliminar filas y columnas de una tabla.**

El método más rápido y directo para crear una fila o columna adicional en una tabla existente es introducir cualquier valor en cualquier celda situada inmediatamente debajo de la tabla o introducir cualquier valor en cualquier celda situada directamente a la derecha de la tabla, como ya sabe.

Para añadir una nueva fila a la tabla mientras la fila de Totales está desactivada, elija la celda inferior derecha y pulse la tecla Tabulador de su teclado.

Puedes añadir una nueva fila o columna a una tabla seleccionando Insertar en la pestaña Inicio > Grupo Celdas de la cinta de opciones. Alternativamente, puede hacer clic con el botón derecho en una celda sobre la que desee

crear una fila, seleccione Insertar > Filas de tabla arriba; para insertar una nueva columna, seleccione Columnas de tabla a la izquierda en el menú desplegable.

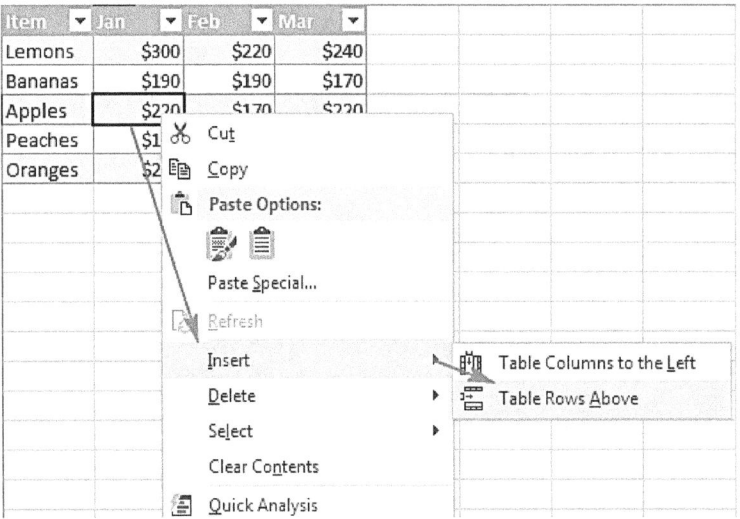

Para eliminar filas o columnas, seleccione Eliminar en el menú contextual de cualquier celda de la fila o columna que desee eliminar y, a continuación, elija Filas de tabla o Columnas de tabla en el menú desplegable. Alternativamente, en la pestaña Inicio, en el grupo Celdas, elige la opción adecuada haciendo clic en la flecha situada junto a Eliminar:

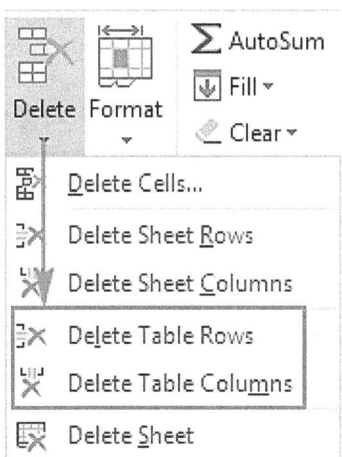

- **Para modificar una tabla en Microsoft Excel**

Utilizando el triángulo de redimensionamiento situado en la parte inferior derecha de la tabla, puede redimensionar una tabla, permitiéndole añadir nuevas filas o columnas a la tabla y excluyendo parte de las filas o columnas actuales:

Item	▾	Jan	▾	Feb	▾	Mar	▾
Lemons		$300		$220		$240	
Bananas		$190		$190		$170	
Apples		$220		$170		$220	
Peaches		$180		$200		$220	
Oranges		$220		$190		$120	

Drag to rezise the table.

Capítulo 9: Gráficos Excel

Empresas de todos los tamaños y sectores utilizan Excel para almacenar datos. Excel puede ayudarte a transformar los datos de tus hojas de cálculo en tablas y gráficos para que puedas obtener una visión clara de los datos introducidos y tomar decisiones empresariales inteligentes.

9.1 ¿Qué son los gráficos Excel?

Representación gráfica visual de datos que incluye columnas y filas. Los gráficos suelen utilizarse para evaluar grandes conjuntos de datos e identificar tendencias y patrones. Las herramientas de visualización de datos (diagramas y gráficos) le ayudan a dar sentido a sus datos mostrando valores cuantitativos de una manera fácil de entender. A pesar de que los dos términos se utilizan a menudo juntos, son distintos. Los gráficos son la representación visual más fundamental de los datos y suelen utilizarse para mostrar valores de puntos de datos a lo largo del tiempo. Los gráficos son más complejos que las tablas porque permiten comparar partes de un conjunto de datos con otras partes del mismo conjunto de datos. Los gráficos también se consideran más atractivos estéticamente que otros tipos de datos. Los cuadros y gráficos se utilizan a menudo en presentaciones para resumir rápidamente el progreso o los resultados a la dirección, los clientes u otros miembros del equipo, entre otras cosas. Puede crear un gráfico para representar casi cualquier dato estadístico, lo que le ahorra el tiempo y el esfuerzo de buscar en

hojas de cálculo para identificar conexiones y patrones en los datos. Por ejemplo, como puedes almacenar los datos en un libro de Excel en lugar de importarlos de otro programa, Excel simplifica la creación de cuadros y gráficos. Excel también viene con varios gráficos preelaborados de diversos tipos entre los que puedes elegir el que mejor represente los vínculos de datos que deseas resaltar, o puedes crear los tuyos propios.

9.2 Tipos de gráficos y su uso

Excel dispone de una enorme biblioteca de tipos de gráficos para representar los datos. Aunque numerosos estilos de gráficos pueden "funcionar" para un conjunto de datos concreto, es fundamental elegir el tipo de gráfico que mejor cuente lo que usted quiere que cuenten los datos sobre el conjunto de datos en cuestión. Por supuesto, puede utilizar componentes gráficos para mejorar y modificar un gráfico e incluirlos.

A continuación se muestran los gráficos de Excel más utilizados:

- Gráficos de columnas.
- Gráficos circulares
- Gráficos de barras.
- Gráficos de líneas.
- Gráficos combinados.
- Gráficos de dispersión.

Gráficos de columnas

Los gráficos de columnas son especialmente útiles para comparar datos o cuando hay que mostrar numerosas categorías de una misma variable. Los estilos de gráficos de siete columnas accesibles en Excel son agrupados, apilados, apilados al 100 por ciento, agrupados tridimensionales, apilados tridimensionales, apilados tridimensionales al 100 por ciento y apilados tridimensionales al 100 por ciento. También están disponibles el agrupado tridimensional, el apilado y el apilado de 100 imágenes. Los valores de este gráfico están dispuestos en línea vertical.

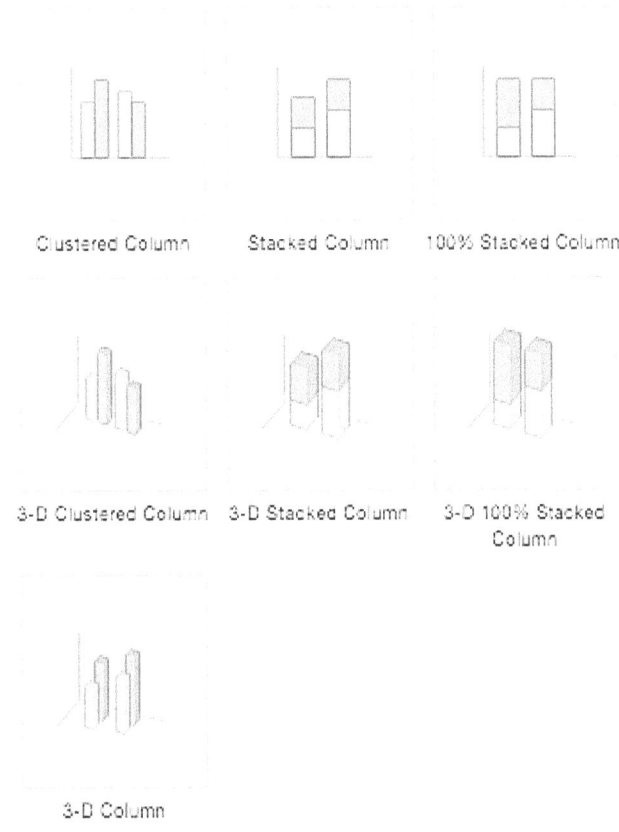

Clustered Column   Stacked Column   100% Stacked Column

3-D Clustered Column   3-D Stacked Column   3-D 100% Stacked
                                              Column

3-D Column

Gráficos circulares

Los gráficos circulares permiten comparar porcentajes de un todo (el valor total de los datos). Cada valor está representado por una porción de tarta, que permite ver los tamaños relativos de los valores. Hay cinco gráficos de tarta disponibles: la tarta, la tarta de tarta (que divide una tarta en dos para indicar proporciones de subcategorías), la barra de tarta, la tarta 3D y el donut. El gráfico de barras es el más utilizado.

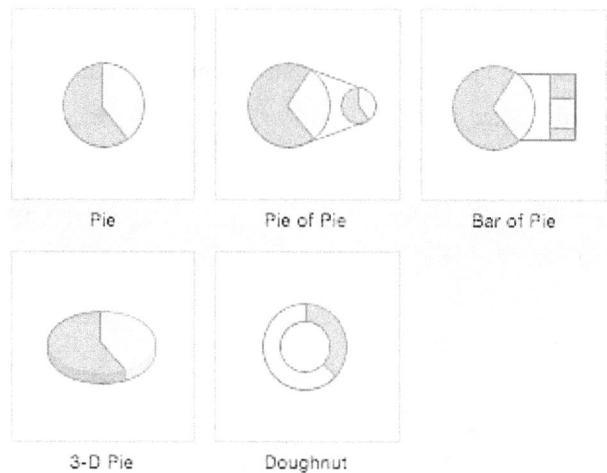

Gráficos de barras

La diferencia más importante entre un gráfico de barras y un gráfico de columnas es que las barras de un gráfico de barras tienen una orientación horizontal en lugar de vertical. Aunque tanto los gráficos de barras como los de columnas se utilizan a menudo, algunas personas prefieren los gráficos de columnas cuando se trata de valores negativos, ya que es más fácil discernir los negativos cuando se muestran verticalmente en un eje y.

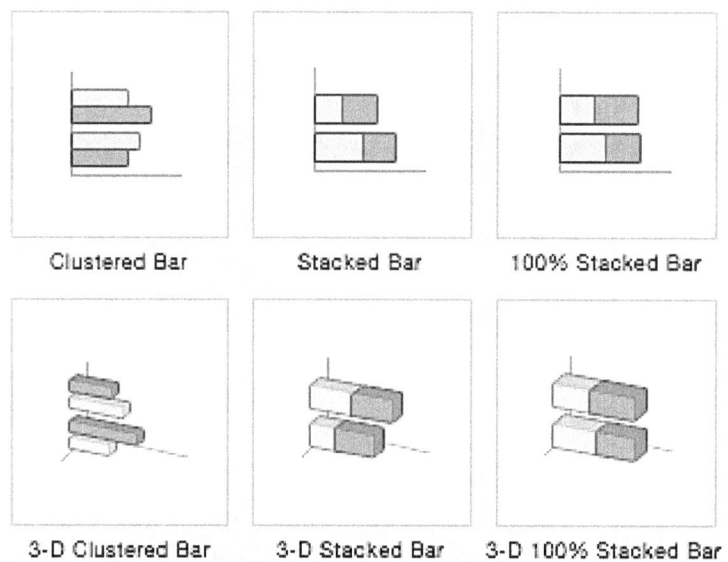

Gráficos de líneas

Un gráfico de líneas, en lugar de una tabla de puntos de datos estáticos, es la herramienta más eficaz para presentar tendencias a lo largo del tiempo. Las líneas conectan cada punto de datos, mostrando cómo han cambiado los valores a lo largo del tiempo y cómo han crecido o disminuido. En el gráfico de siete líneas, las opciones son línea, línea apilada, línea apilada al 100%, línea con marcadores, línea apilada con marcadores, línea apilada al 100% con marcadores y línea 3D. También hay opciones de gráficos de siete líneas para gráficos de barras y gráficos circulares.

Line   Stacked Line   100% Stacked Line

Line with Markers   Stacked Line with Markers   100% Stacked Line with Markers

3-D Line

Gráficos combinados

Un Gráfico Combo combina dos tipos de gráficos diferentes, un gráfico de columnas y un gráfico de líneas, en una sola representación visual. Un Gráfico Combo es un único gráfico que muestra múltiples tipos de gráficos. Los gráficos combinados permiten representar datos de distintos tamaños en un solo gráfico. Puede indicar la relación entre un objeto y otro.

Custom Combination

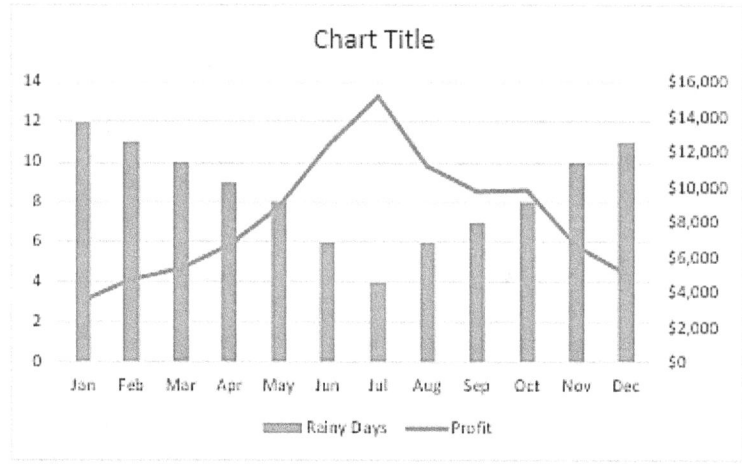

Choose the chart type and axis for your data series:

Series Name	Chart Type	Secondary Axis
Rainy Days	Clustered Column ⌄	☐
Profit	Line ⌄	☑

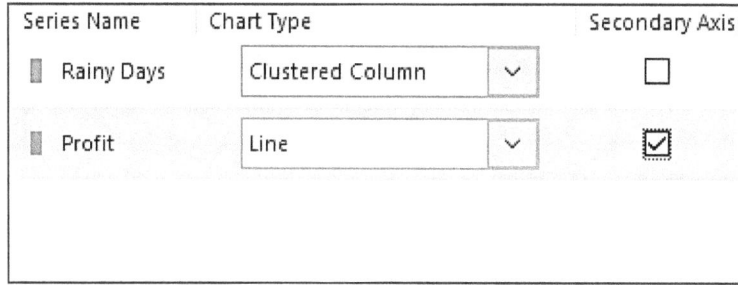

Gráficos de dispersión

Los gráficos de dispersión muestran cómo una variable afecta a otra utilizando varias variables. Son similares a los gráficos lineales en el sentido de que pueden utilizarse para representar cómo cambian las variables a lo largo del tiempo. Correlación es el término utilizado para describir este proceso. El diagrama de burbujas es uno de los tipos de gráficos que se incluyen en la clasificación de dispersión. Las siete opciones de gráficos de dispersión son:

- Dispersa.

- Dispersión con líneas y marcadores.

- Dispersión con líneas suaves.

- Dispersión con líneas rectas y marcadores.

- Dispersa con líneas rectas, burbujas y burbujas tridimensionales.

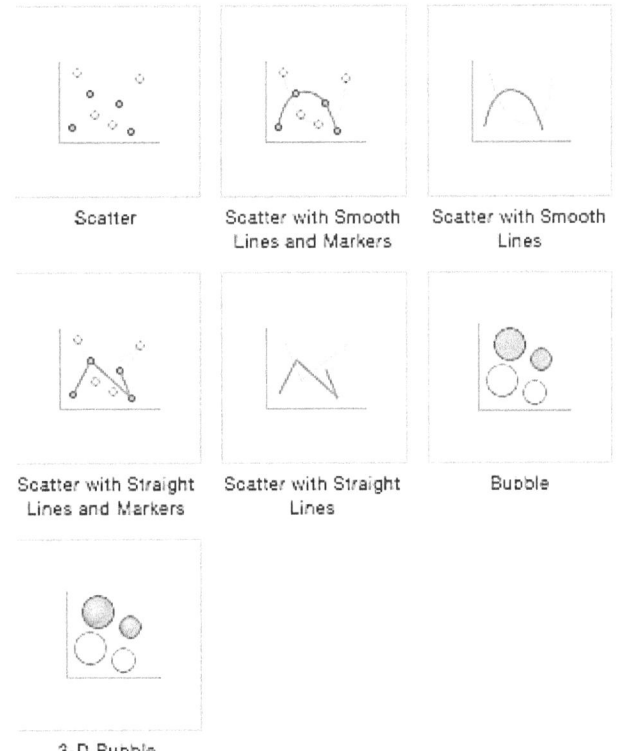

Scatter   Scatter with Smooth   Scatter with Smooth
Lines and Markers   Lines

Scatter with Straight   Scatter with Straight   Bubble
Lines and Markers   Lines

3-D Bubble

Hay cuatro categorías de gráficos adicionales. Estos gráficos son más específicos para cada caso:

- Cartas de área.

- Gráficos de acciones.

- Cartas de superficie.

- Cartas de radar.

Cartas de área.

Los gráficos de áreas, al igual que los gráficos de líneas, se utilizan para ilustrar los cambios en los valores a lo largo del tiempo. Por otra parte, los gráficos de regiones son útiles para resaltar las variaciones en el cambio a través de varias variables, ya que el área bajo cada línea es sólida.

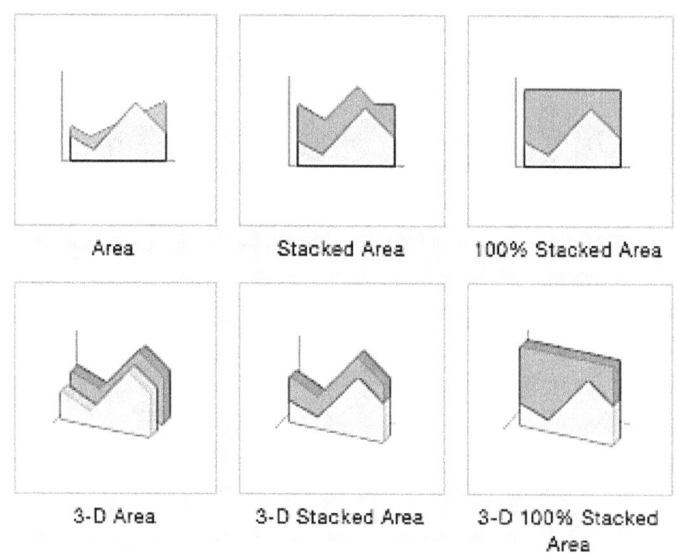

Gráficos de acciones

Este tipo de gráfico se utiliza a menudo en el análisis financiero. En cambio, si desea mostrar el rango de un número y su valor específico, puede utilizar este tipo de gráficos en todos los casos. Elija entre tipos de gráficos bursátiles como alto-bajo-cierre, abierto-alto-bajo-cierre, volumen-alto-bajo-cierre y volumen-abierto-alto-bajo-cierre para mostrarlos en la pantalla de su ordenador.

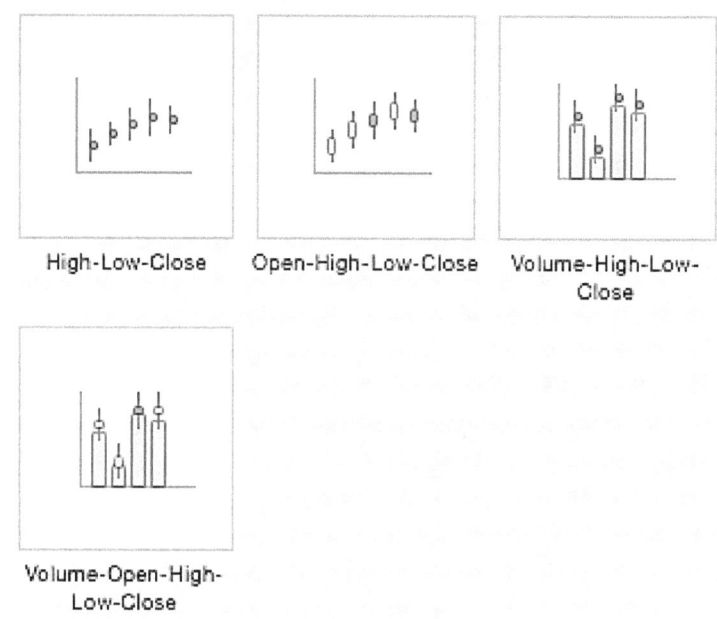

Cartas de superficie

Un gráfico de superficie se utiliza para representar datos en un entorno tridimensional. Con este plano adicional, más de dos factores y conjuntos de datos con categorías dentro de una única variable pueden beneficiarse de una mayor precisión. Un gráfico de superficie es más difícil de leer, así que asegúrese de que su audiencia entiende lo que está viendo antes de presentárselo. Hay varias opciones disponibles, como área 3D, superficie 3D alámbrica, contorno y contorno alámbrico.

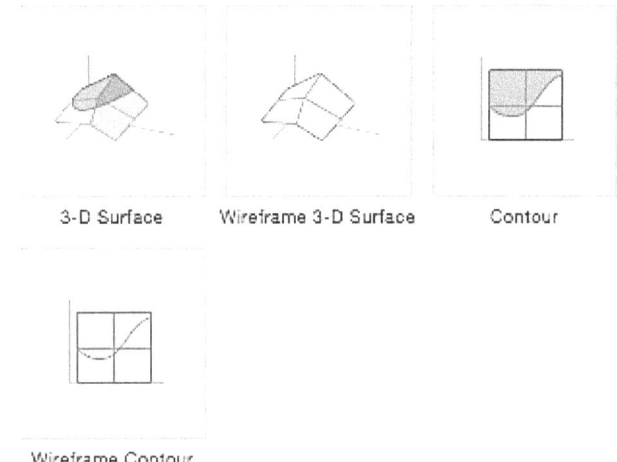

3-D Surface Wireframe 3-D Surface Contour

Wireframe Contour

Cartas de radar

Utilizando un gráfico de radar, puede mostrar datos de muchas variables que están todas conectadas. Todas las variables comienzan en el punto central, que sirve como punto de partida. La característica más importante de un gráfico de radar es que permite evaluar todos los aspectos diferentes que se afectan mutuamente; suelen utilizarse para analizar los puntos fuertes y débiles de determinados productos o empleados. Los gráficos de radar se clasifican en tres tipos: radar con marcas, radar sin marcas y radar relleno.

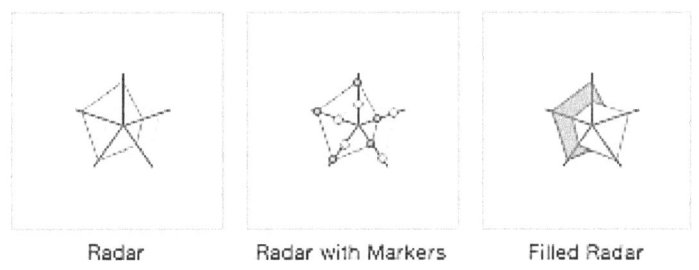

Radar Radar with Markers Filled Radar

9.3 Uso de distintos gráficos de Excel

Los distintos gráficos tienen diversas aplicaciones

A continuación se presentan algunos ejemplos de cómo pueden utilizarse diversos gráficos de Excel:

1. Gráfico de columnas:

Mediante gráficos de columnas, puede comparar datos de categorías comparables y ver cómo cambia la independencia de las variables a lo largo del tiempo. Compara y contrasta las contribuciones de distintos miembros de la clase y las diferencias entre valores negativos y positivos.

2. Gráfico de barras:

Cuando las etiquetas de los ejes son demasiado largas para caber en un gráfico de columnas, puede considerar la posibilidad de utilizar un gráfico de barras.

3. Gráfico circular:

Cuando se desea presentar una composición de datos que sea 100% exacta, un gráfico circular es la mejor opción. Dicho de otro modo, un gráfico circular sólo debe utilizarse para representar la composición de los datos cuando sólo haya un conjunto de datos y menos de cinco categorías que mostrar en el gráfico. En general, los gráficos circulares representan la relación entre las partes y el todo de los datos. Cuando los datos se expresan en porcentaje, el gráfico circular es la representación visual más adecuada. Un gráfico circular sólo debe utilizarse para mostrar la composición de los datos si las porciones de la tarta tienen el mismo tamaño.

4. Diagrama de dispersión:

Un gráfico de dispersión es una buena opción para evaluar y presentar la conexión entre dos variables.

5. Gráfico lineal:

Los gráficos de líneas llaman la atención sobre los patrones de los datos, especialmente las tendencias a largo plazo entre los valores de los datos. Otra situación en la que puede ser apropiado un gráfico de líneas es cuando hay que presentar muchos puntos de datos y un gráfico de columnas o de barras quedaría demasiado recargado.Los gráficos de líneas llaman la atención sobre los patrones de los datos, especialmente las tendencias a largo plazo entre los valores de los datos. Otra situación en la que puede ser apropiado un gráfico de líneas es cuando hay que presentar muchos puntos de datos y un gráfico de columnas o de barras quedaría demasiado recargado.

9.4 Creación de gráficos en Excel

Los gráficos son una herramienta fantástica para comunicar gráficamente hechos e información a otras personas. Los datos que se representan en los gráficos sirven de base a los mismos. Para crear un gráfico, el paso previo es elegir los datos relevantes que se van a mostrar. Para empezar, debes introducir la información en Excel. Puedes resaltar las celdas de tu gráfico arrastrando el ratón sobre las celdas que contienen la información empleada en tu gráfico. Después de introducir sus datos y elegir un rango de celdas, puede elegir el tipo de gráfico que se utilizará para representar sus datos.

Considere el siguiente escenario: tiene una hoja de cálculo con dos columnas de datos. La variable Año se encuentra en la columna A, mientras que la variable Valor se encuentra en la columna B. Quieres hacer un gráfico en el que la variable Valor se muestre en el eje vertical y el año en el horizontal.

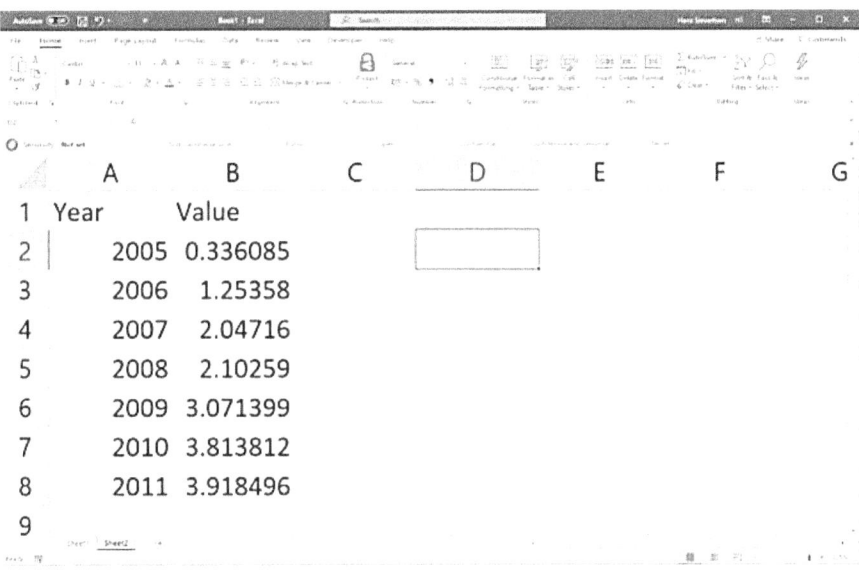

Después de seleccionar los datos para el gráfico, siga los pasos que se indican a continuación para incorporar el gráfico a la hoja de cálculo.

1. Decide qué información quieres utilizar y por qué.

2. Seleccione la pestaña Insertar del menú desplegable de la cinta.

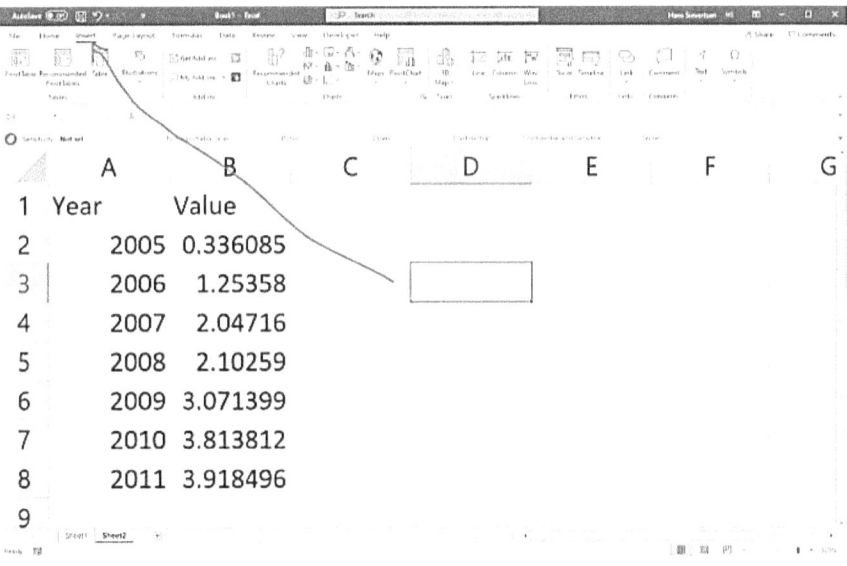

3. En la cinta de opciones, seleccione Insertar gráfico.

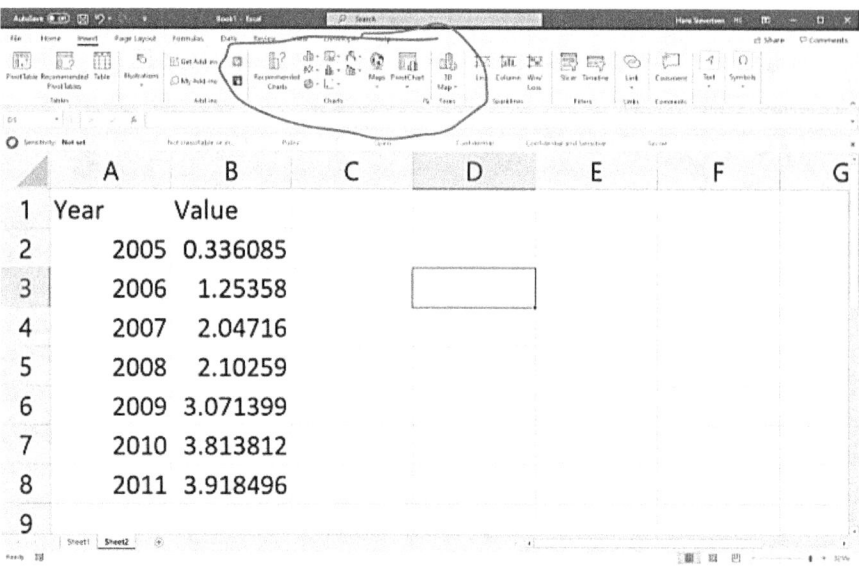

4. Vaya a la configuración del gráfico y elija Mostrar previsualizaciones para ver las previsualizaciones.

5. Elija el gráfico adecuado y haga clic en él para insertarlo. Se utiliza el gráfico de líneas que se muestra en el siguiente gráfico.

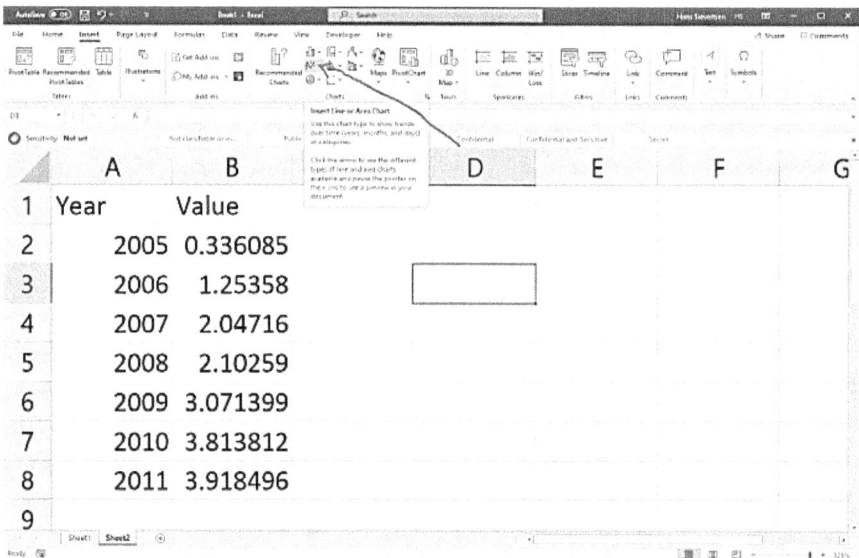

6. Al hacer clic en el icono del gráfico de líneas, aparece un menú desplegable con otros tipos de gráficos.

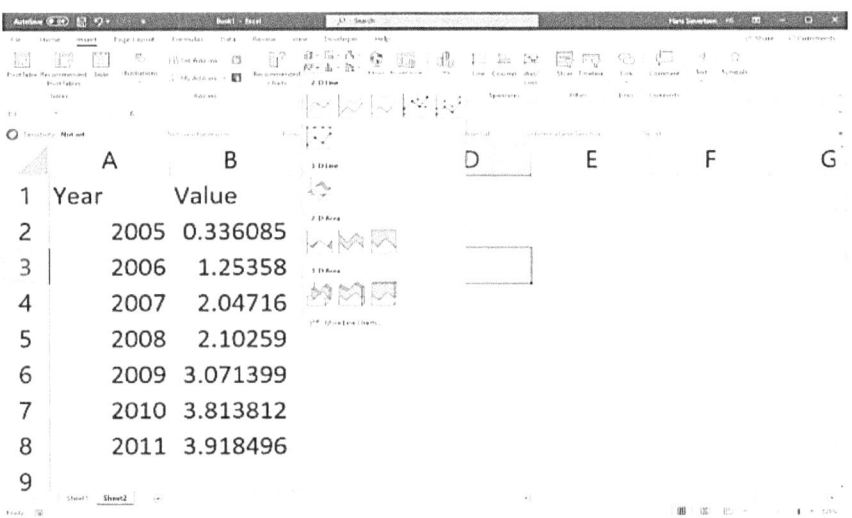

7. Al hacer clic en el icono del gráfico de líneas, aparece un menú desplegable con otros tipos de gráficos. Para empezar a crear el gráfico, primero hay que decirle a Excel qué datos utilizar como punto de partida. Tras seleccionar el lienzo del gráfico (lo que puede hacerse simplemente haciendo clic sobre él), vaya al menú "Diseño del gráfico" y elija "Seleccionar datos" (véase más abajo). También puede hacer clic con el botón derecho en el gráfico y elegir "Seleccionar datos" en el menú contextual.

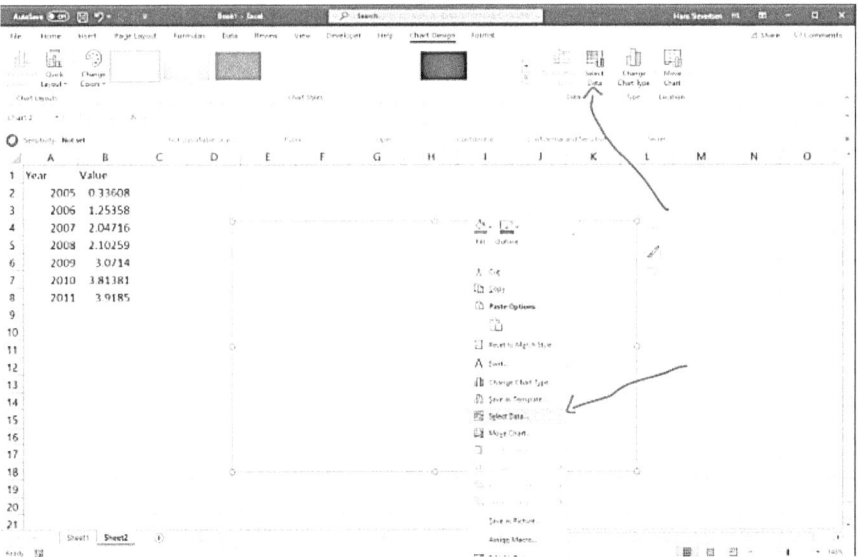

8. Las opciones de selección de datos se muestran en el menú inferior. Puede seleccionar toda el área de datos que se utilizará en la parte superior. Tiene la opción de seleccionar qué datos mostrar en el eje vertical (eje y) del panel izquierdo y qué variable mostrar en el eje horizontal (eje x) del panel derecho (eje x).

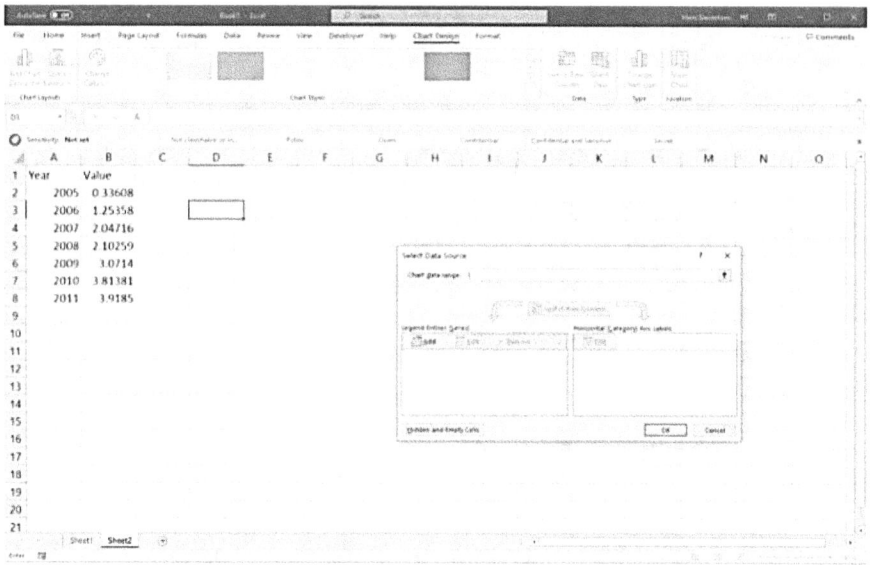

9. Digámosle primero a Excel qué datos utilizar para el eje vertical. Como se indica a continuación, haga clic en "Añadir".

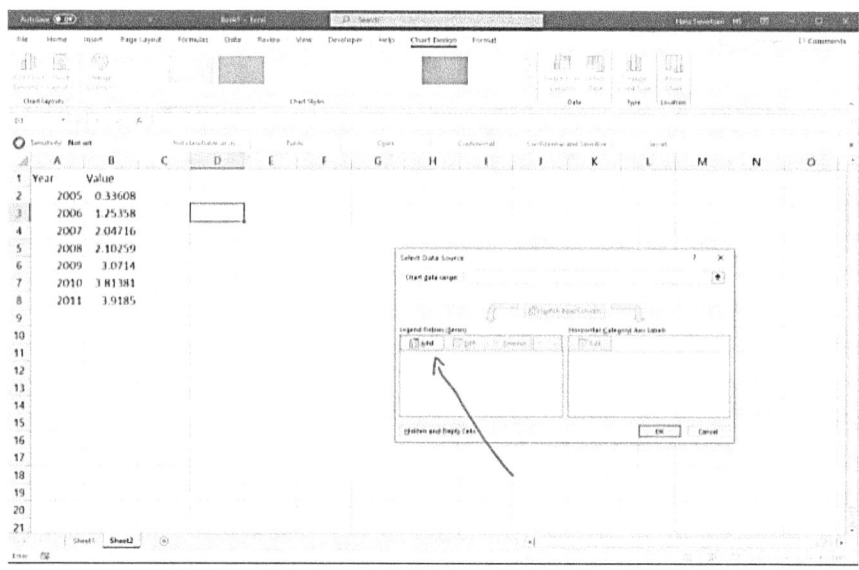

10. Ahora debería aparecer un menú similar al que se ve a continuación. Rellene los espacios en blanco con un título y una descripción del contenido de la serie. En la columna "Nombre de la serie", tiene la posibilidad de introducir manualmente la descripción de la serie.

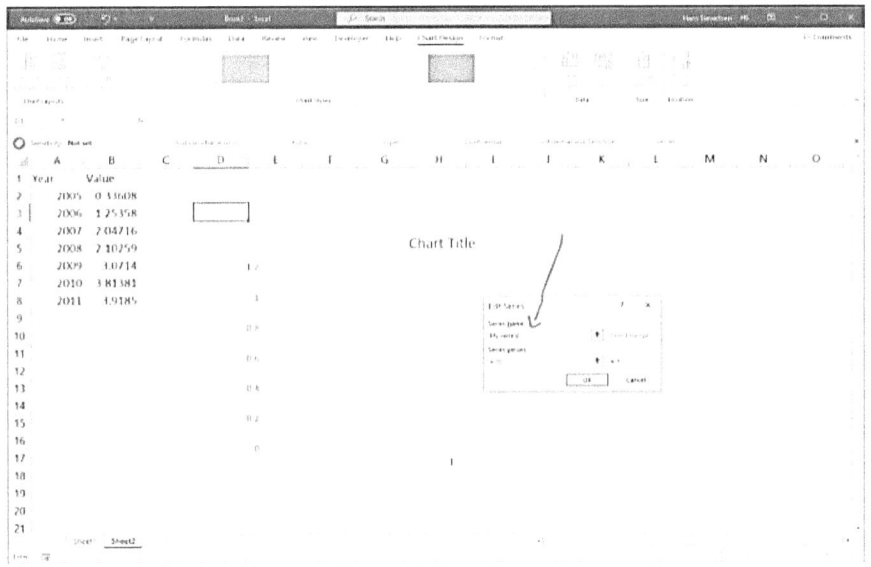

11. En "Valores de la serie", haga clic en el icono de flecha hacia arriba. Seleccione todas las celdas que contengan los valores que desea mostrar en el eje vertical.

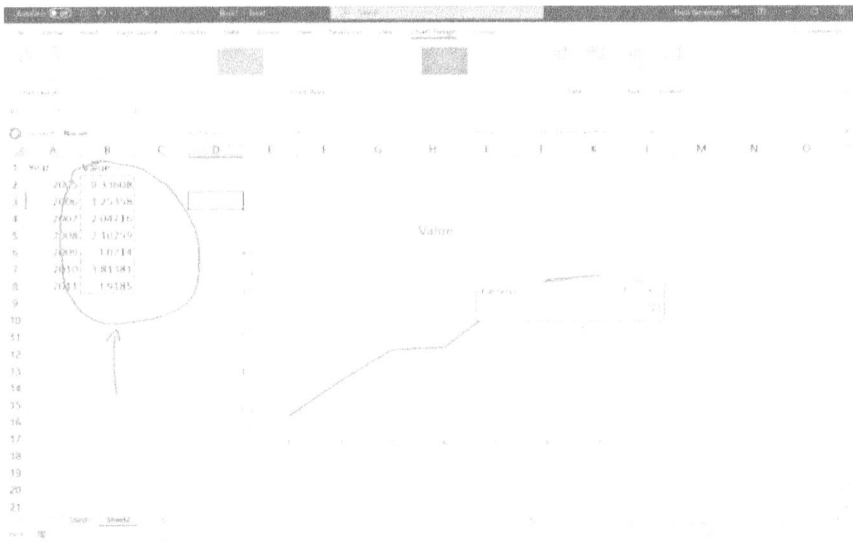

12. La serie para el eje horizontal puede seleccionarse seleccionando "Editar" en el panel derecho. Seleccione los datos para el eje horizontal utilizando la misma estrategia que utilizó para el eje vertical y, a continuación, haga clic en el botón Aceptar para finalizar.

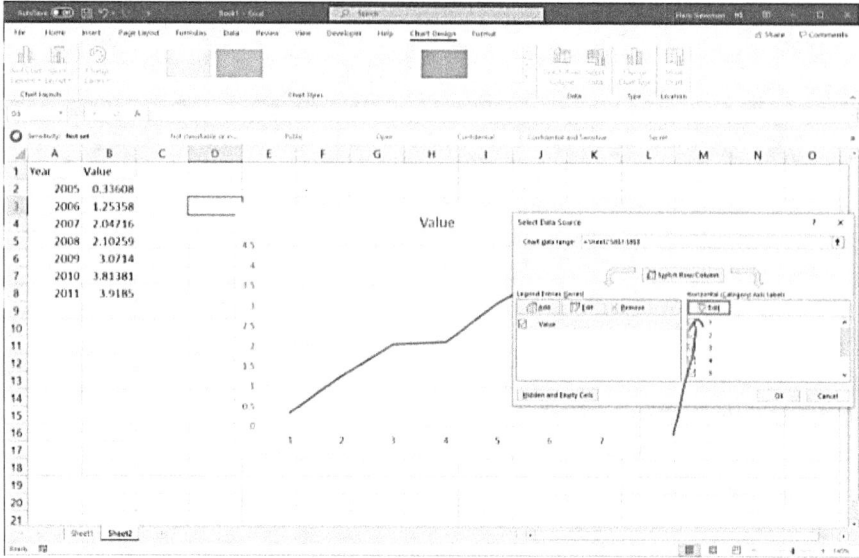

13. Para completar la operación "Seleccionar datos", haga clic en "Aceptar".

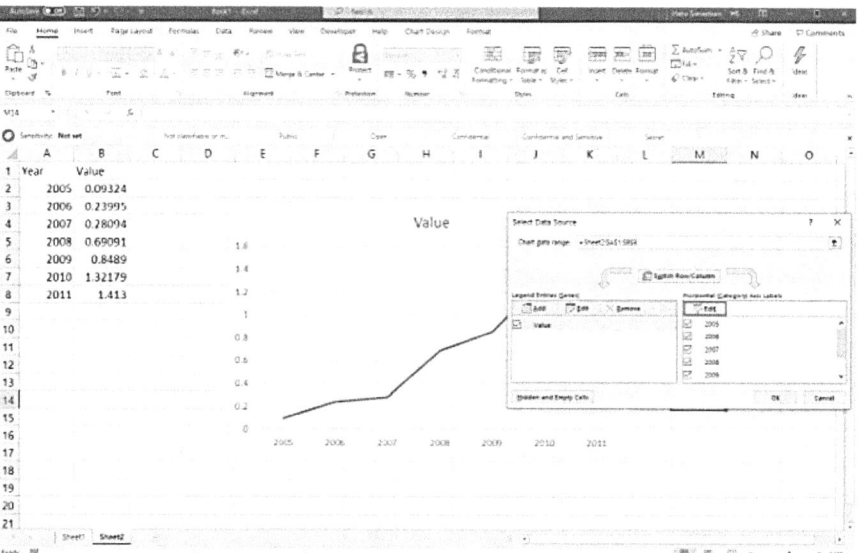

14. Se insertará su gráfico.

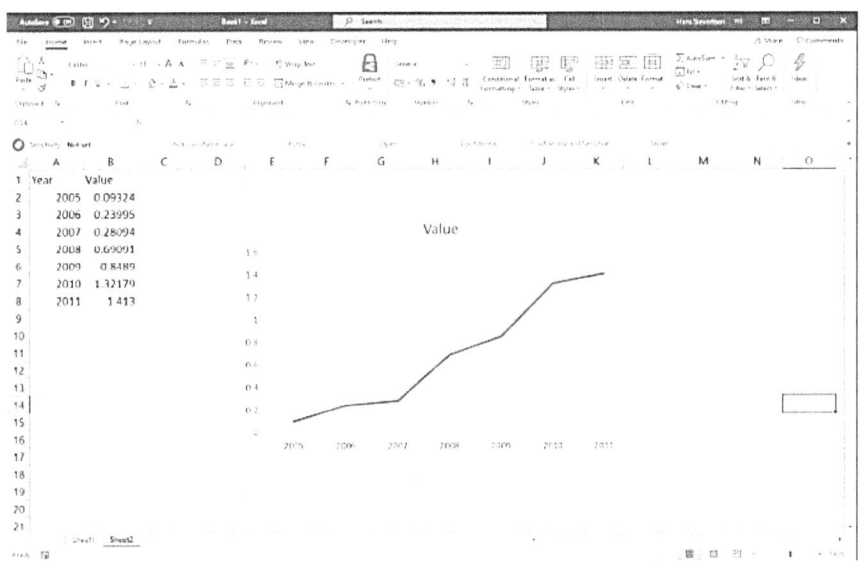

Year	Value
2005	0.09324
2006	0.23995
2007	0.28094
2008	0.69091
2009	0.8489
2010	1.32179
2011	1.413

Capítulo 10: Analizar datos con Excel

En tecnología, los datos son el medio a través del cual interactúan las máquinas. Es un lenguaje de números y medidas; es un sistema básico pero aterradoramente intrincado que a los que no somos máquinas nos causa mucha ansiedad y frustración. Microsoft Excel nos ayuda a superar esta barrera lingüística y a transformar estadísticas en bruto en ideas, patrones y perspectivas, por ejemplo.

Excel también es útil para el análisis de datos cuando necesitas traducirlos en gráficos y otras representaciones visuales de tus hallazgos. Son recursos magníficos que te permiten entender la narrativa que hay detrás de los datos y destacar tus activos más fuertes y los cambios más notables en tus informes a clientes y otras partes interesadas.

Visualizar sus datos es esencial a la hora de elaborar gráficos eficaces para su información. Pocos directivos tienen tiempo de evaluar manualmente los datos en Excel. Los resultados cobran vida mediante el uso de gráficos.

En esta presentación, analistas, investigadores y directivos aprenderán a utilizar Excel para convertir sus datos en cuadros útiles y gráficos visualmente atractivos. Es el método más exitoso para detectar tendencias, patrones, valores atípicos y otros sucesos importantes en sus conjuntos de datos.

10.1 Cómo analizar datos en Excel

Navegar entre una montaña de información puede parecer una pesadilla. Cuando se manejan grandes cantidades de datos simultáneamente, estudiar y digerir la información puede no ser fácil.

Recuerde que no todos los datos son útiles o importantes de alguna manera. Para empeorar las cosas, los datos en bruto suelen ser más confusos que informativos.

En primer lugar, antes de poder extraer cualquier tipo de información práctica de los datos, hay que recopilarlos, filtrarlos, limpiarlos, visualizarlos, analizarlos y, por último, presentar informes. El proceso de análisis de datos consta de todos estos componentes. Cada vez que se emprende un análisis de datos, el método puede diferir del anterior. Es posible que surjan obstáculos y problemas singulares que dificulten la toma de decisiones. Por ello, es preferible disponer de soluciones dinámicas para hacer frente a todos los baches imprevistos del camino.

La amplia gama de funciones de Excel proporciona un buen punto de partida para el proceso. Es una herramienta sencilla para recopilar, organizar y ordenar datos, pero también puede utilizarse para realizar cálculos sofisticados y mostrar los datos mediante algunas funciones básicas de creación de gráficos, lo que resulta muy útil. ¿Cuál es la mejor manera de examinar datos en Excel? Es posible que incluso pueda obtener algunas ideas fundamentales a partir de la información incluida en su

hoja de cálculo. Por lo tanto, puedes realizar algunos análisis básicos directamente desde tus hojas de cálculo antes de trazar gráficos o profundizar en las estadísticas si lo deseas.

10.2 Cómo debe realizarse el proceso de análisis de datos

Para extraer el máximo valor de sus datos, primero debe examinar cómo funciona realmente el análisis de datos. Esta sección ofrece una visión general del procedimiento paso a paso para analizar datos en Excel.

Paso 1:

Especificación de los datos necesarios para un proyecto

Para llevar a cabo un análisis de datos eficaz, primero hay que definir los requisitos de los datos que se van a analizar. Como parte de este proceso, debe determinar la estructura y los tipos de datos relevantes para su investigación.

Por ejemplo, para las audiencias de marketing, las necesidades de datos pueden incluir su edad, ingresos, geografía y otra información demográfica. Estos criterios influirán en el tipo de información que debe recopilarse.

Paso 2:

Recopilación de información

Es necesario reunir todos los datos necesarios relativos a estas áreas una vez que haya establecido las variables y las haya organizado en categorías.

en categorías. La información debe ser completa y correcta en la medida de lo posible.

En última instancia, es responsabilidad suya garantizar que los datos proceden de fuentes exactas y son de gran calidad y exactitud. La información debe filtrarse y depurarse antes de poder utilizarla.

Paso 3:

Tecnologías de la información y la comunicación (TIC)

Una vez recogidos los datos brutos, es necesario organizarlos para realizar análisis adicionales. Hay que organizar la información en grupos adecuados. Tendrá que introducir los datos en una hoja de cálculo o crear un modelo de datos para organizar la información adecuadamente. Organizar los datos de esta manera facilita el filtrado y la limpieza de la información interna.

Paso 4:

Limpieza y organización de datos

Aunque la información estructurada pueda parecer completa y precisa, es probable que esté incompleta e incluya errores o elementos duplicados. Es el proceso de evaluar los datos recopilados e identificar y corregir los fallos o incoherencias que pueda descubrir.

El tipo de datos que haya recopilado determinará cómo debe proceder con el procedimiento de limpieza. Por ejemplo, para comprobar la información financiera, puede sumar los totales y comprobar que coinciden con las cifras de los registros.

que coinciden con las cifras de sus registros. Este proceso de revisión previa es fundamental para determinar la exactitud y fiabilidad de los datos que ha recopilado.

Paso 5:

Análisis e interpretación de datos

Una vez que sus datos han pasado por todos los pasos descritos anteriormente, están listos para seguir investigando.

Para ejecutar el proceso analítico manualmente, debe examinar físicamente cada fila y columna de datos y comparar los totales mientras observa cualquier patrón u otras conexiones. Si dispone de una gran colección de datos, esto puede resultar difícil e imposible de realizar con éxito.

Es en este punto donde las herramientas de visualización de datos resultan útiles. Puede examinar visualmente los patrones, los valores atípicos, las tendencias y otras características de los datos graficándolos. Esta estrategia permite comprender mejor los datos en un periodo extraordinariamente corto.

Paso 6:

Comunicación

Aunque el análisis de datos pueda parecer la última fase, debe ser capaz de discutir y transmitir sus resultados para completar el proceso. Es posible que tenga que revelar sus datos a las partes interesadas, clientes, miembros del equipo u otras partes interesadas.

Todos los que lean sus datos deben extraer y comprender las mismas conclusiones que usted. Cuando los datos son complicados de explicar sin gráficos y otras herramientas, puede transmitir los resultados de forma eficaz y comprensible.

10.3 Importancia del análisis de datos en su empresa

¿Qué importancia tiene el análisis de datos para su empresa?

A menudo resulta difícil saber por dónde empezar a operar una empresa o incluso simplemente mantener una cuenta de Google Ads, ya que es complicado conocer el camino que se pretende tomar y los medios que se pretenden utilizar para llegar hasta allí. La Era Digital ha dado lugar a muchas nuevas audiencias, plataformas, técnicas y otras posibilidades que merece la pena investigar.

Nuestra sociedad se ha vuelto más dependiente de los datos. La capacidad de dar sentido a sus datos de marketing es fundamental para todas las organizaciones, independientemente del sector en el que operen. La información contenida en estos datos contiene todo lo que necesita saber para llegar a sus consumidores objetivo, crear mejores productos, crear mensajes publicitarios más fuertes, aumentar su ROI de marketing y mucho más. La dificultad estriba en que toda esta información es una mezcla enmarañada de cifras procedentes de diversos lugares. Es una maraña colosal de hilos (unidos a varios otros ovillos de hilo igualmente enredados). El análisis de datos

ayuda a ordenar esta maraña y sacar a la luz ideas confusas. Aunque todos los caminos merecen la pena, algunos son más beneficiosos que otros. Identificar el plan de acción más prometedor es crucial para el éxito del análisis de datos. Se identifican los mejores y los peores resultados; esta información se utiliza para perfeccionar los métodos y aumentar los beneficios.

10.4 Funciones de análisis de datos que debe conocer

Cualquier usuario de Excel que haya cometido alguna vez el error de utilizar una fórmula inadecuada para analizar una colección de datos comprenderá la angustia que puede provocar hacerlo. Posiblemente haya pasado horas trabajando en ello antes de desistir finalmente porque la salida de datos era incorrecta o porque la función era demasiado sofisticada, y cada vez le parecía más fácil contar los datos usted mismo manualmente. Deberías hacer este curso de Análisis de Datos en Excel si esto te describe.

El número de funciones de Excel se cuenta por cientos, y puede que no resulte fácil cuando se intenta hacer coincidir la fórmula adecuada con el análisis de datos correcto. No es necesario que las funciones más importantes sean difíciles de utilizar. Un conjunto de quince funciones básicas aumentará significativamente su capacidad para interpretar datos, y aprenderá a arreglárselas sin ellas en primer lugar.

Tanto si eres un usuario ocasional de Excel como un usuario avanzado en tu vida profesional, en esta lista hay una función para ti.

- **CONCATENAR**

CONCATENAR es fácil de entender y, al mismo tiempo, una de las fórmulas eficaces para el análisis estadístico. Texto, números, fechas y otros datos de numerosas celdas pueden combinarse en una sola celda. La creación de puntos finales de API, SKU de productos y búsquedas en Java es mucho más fácil con esta práctica utilidad.

Ecuación:

CONCATENAR = CONCATENATE (marque las celdas que desea combinar)

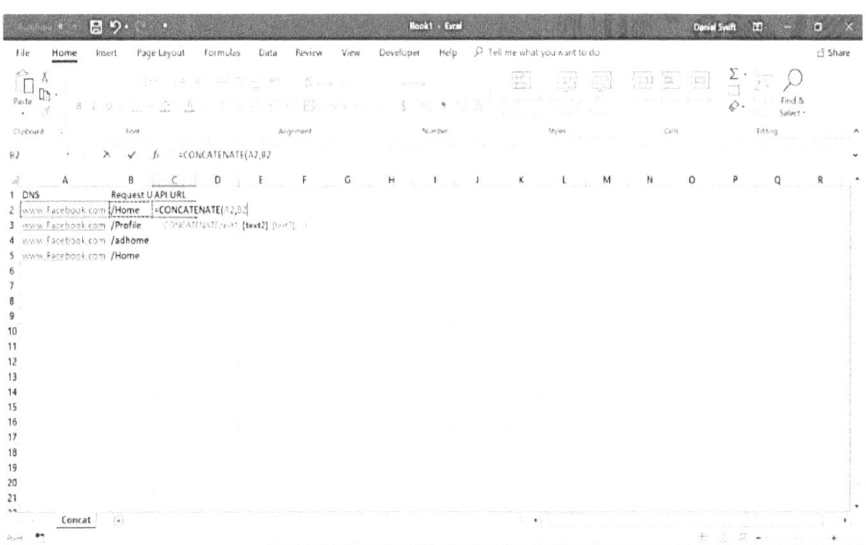

En la figura anterior

=CONCATENADO (B2, A2)

- ## LEN

LEN es un método abreviado para calcular el número de caracteres de una celda determinada. Como se ve en el ejemplo anterior, puede distinguir entre dos Stock Keeping Units (SKU) de producto distintas utilizando la fórmula =LEN para determinar cuántos caracteres se incluyen dentro de la celda. LEN es especialmente útil para distinguir entre identificadores únicos (UID), que a menudo son largos y no están en la secuencia adecuada.

Ecuación:

=LEN(Marca Celda)

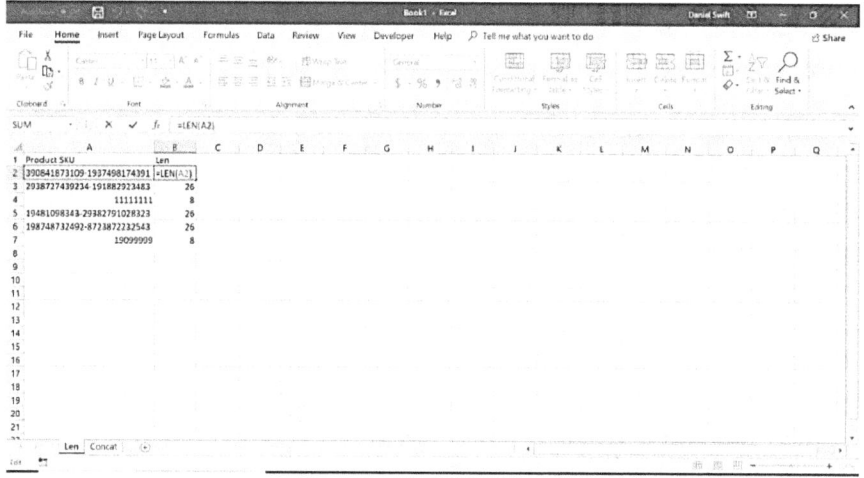

En la figura anterior

=LEN (A2)

- ## COUNTA

COUNTA es una función que determina si una celda tiene datos o no. Cada día en la vida de un analista de datos, se encontrará con

conjuntos de datos que no son completos. COUNTA le permitirá descubrir lagunas en el conjunto de datos sin reordenar la información.

Ecuación:

COUNTA (Marca celular)

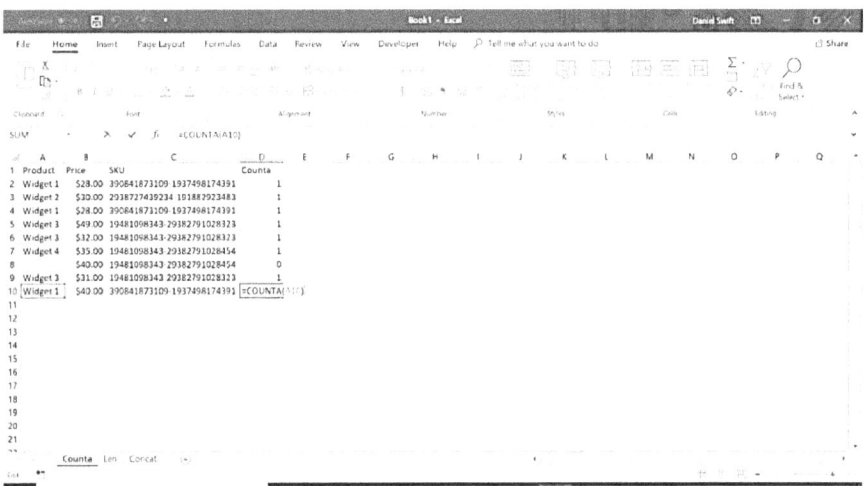

En la figura anterior

Recuento (A10)

- **Días o Días Red**

DAYS es exactamente lo que su nombre indica. Este método calcula el número de días naturales que han transcurrido entre dos fechas utilizando un calendario. Se trata de una herramienta valiosa para determinar la vida útil de bienes y contratos, así como para determinar los ingresos de la tarifa de ejecución en función de la duración del servicio, un análisis de datos necesario.

NETWORKDAYS es un poco más fiable y útil que NETWORKDAYS. Esta fórmula calcula el número de "días laborables" que han transcurrido entre dos fechas, con la opción de tener en cuenta los días festivos. Incluso los adictos al trabajo necesitan vacaciones de vez en cuando. Utilizar estos dos algoritmos para comparar periodos es extremadamente beneficioso en situaciones de gestión de proyectos.

Ecuaciones:

=DÍAS (Mark CELL, Mark CELL)

=DÍAS DE RED (Marca CELL, Marca CELL....

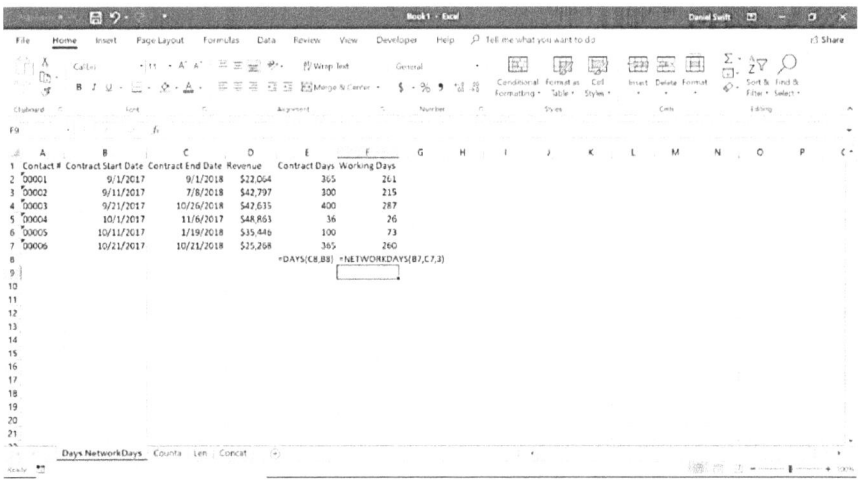

En la figura:

=DÍAS (B8, C8)

O

=DÍASDETRABAJO (C7, B7, 3)

- **SUMIFS**

SUMIFS Normalmente, la técnica elegida es =SUMA, pero ¿qué hacer cuando hay que sumar datos de varias celdas en función de varios criterios? SUMIFS es el nombre del juego. En el ejemplo siguiente, se utiliza SUMIFS para evaluar la contribución de cada producto a los ingresos de la empresa.

Ecuación:

=SUMIF(RANGO,CRITERIOS,

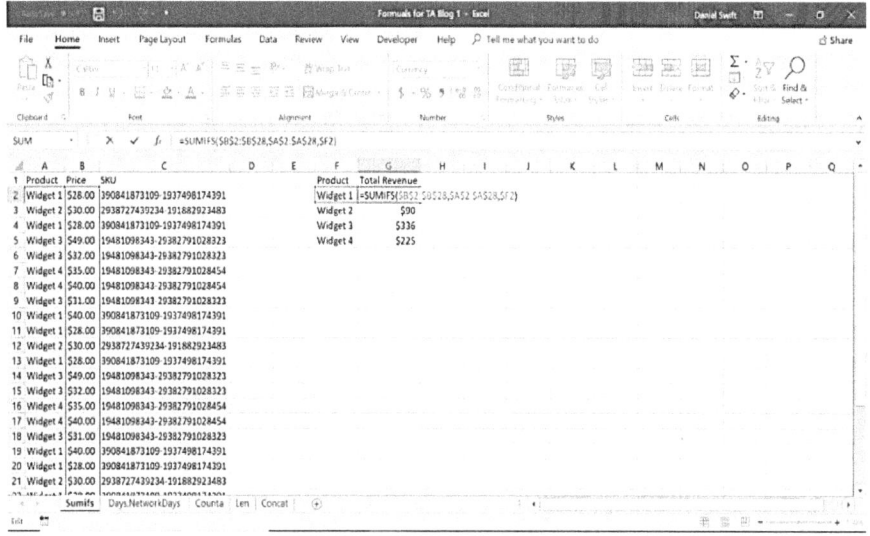

En figura:

=SUMIF ($A$2:$A$28,$B$2:$B$28,$F2)

- **MediaIFS**

AVERAGEIFS funciona de forma similar a SUMIFS, permitiéndole sacar una media basada en uno o más criterios.

Ecuación:

=AVERAGEIF(SELECT CELL, CRITERIA)

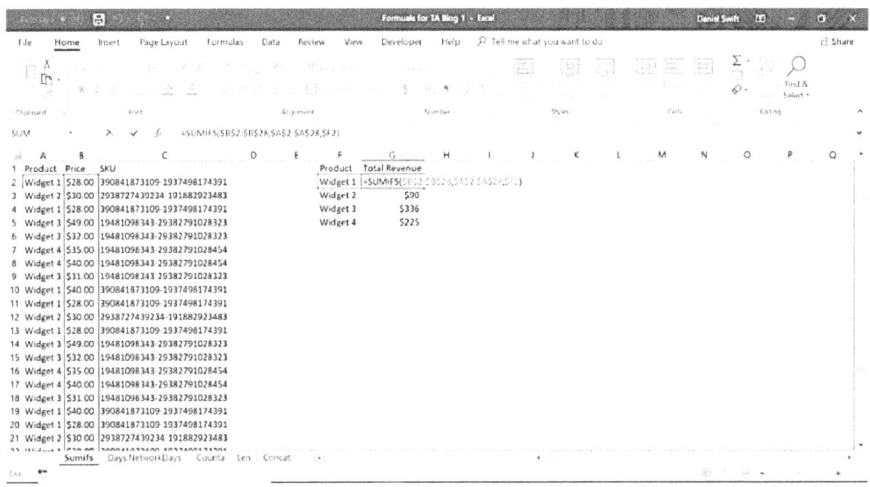

In the example:

$$=AVERAGEIF(\$C:\$C,\$A:\$A,\$F2)$$

- **VLOOKUP**

VLOOKUP es una de las funciones de análisis de datos más conocidas y utilizadas en todo el mundo. Si eres usuario de Excel, es casi seguro que necesitarás "casar" datos en algún momento de tu carrera. Por ejemplo, es posible que el departamento de contabilidad conozca el coste de cada producto, pero que el departamento de envíos sólo ofrezca el número de unidades que se han despachado. Esa es la aplicación ideal para la función VLOOKUP.

Utilizando los datos de referencia (A2) junto con la tabla de precios, Excel puede buscar criterios coincidentes en la primera columna y devolver un valor adyacente, como se ve en la figura siguiente.

Ecuación:

=VLOOKUP (VALOR DE BÚSQUEDA, TABLA ARRAY, ÍNDICE COL NUM, [RANGO BÚSQUEDA])

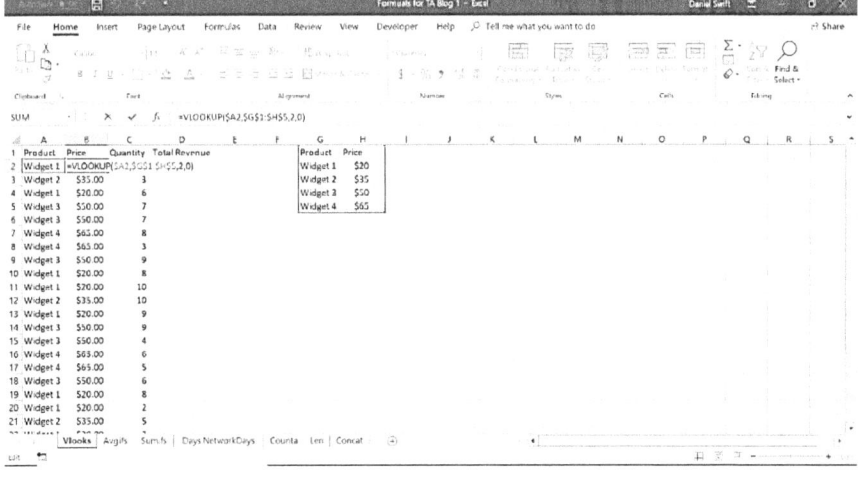

In the example:

$$=VLOOKUP(\$A2,\$G\$1:\$H\$5,2,0)$$

- **ENCONTRAR/BUSCAR**

Para encontrar un texto concreto dentro de una colección de datos, los métodos =ENCONTRAR/=BUSCAR son bastante eficaces. Ambos se incluyen porque =ENCONTRAR devolverá resultados que distinguen entre mayúsculas y minúsculas, es decir,

Si utiliza ENCONTRAR para buscar "Big", sólo obtendrá resultados que sean Big=true. Sin embargo, una búsqueda =SEARCH de "Big" devolverá resultados tanto para Big como para big, ampliando el alcance de la consulta. La búsqueda de anomalías o ID únicos es una técnica especialmente beneficiosa.

Ecuación:

=FIND(TEXT,WITHIN_TEXT,[START_NUMBER]) OR =SEARCH(TEXT,WITHIN_TEXT,[START_NUMBER])

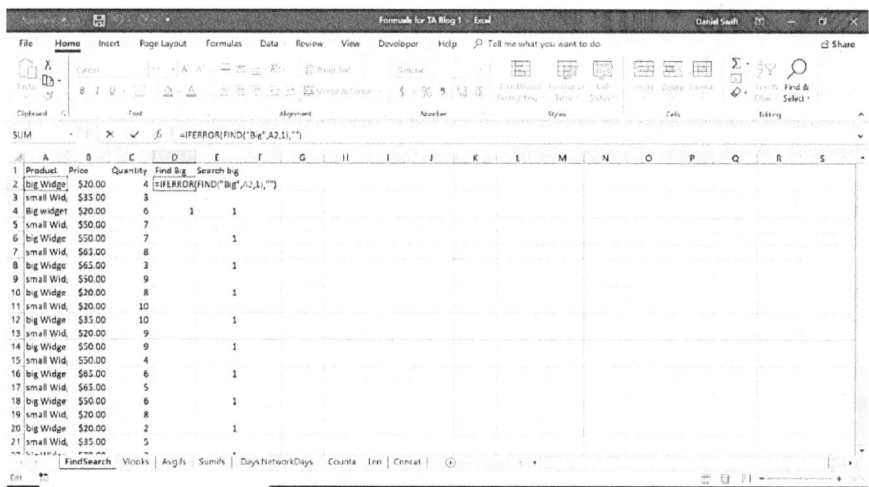

In the example:

$$=(FIND("Big", A2,1)"")$$

Capítulo 11: Errores en Microsoft Excel

Las hojas de cálculo son una herramienta de confianza en el sector empresarial. Es casi seguro que utilizas hojas de cálculo si trabajas con dinero, finanzas, negocios o cualquier otra cosa. Por ejemplo, en el ejército se utilizan para controlar los niveles de equipamiento. Con tantos empresarios que realmente confían en las hojas de cálculo, es razonable esperar que la gente cometa muchos errores. Así es. Aquí tienes 10 errores comunes en las hojas de cálculo que sin duda habrás cometido alguna vez.

Comprobar cálculos

A veces, sobre todo cuando se añaden nuevas filas, es bastante fácil ignorar el cálculo de la suma, lo que puede entorpecer el proceso sin querer. Intente siempre comprobar los cálculos para asegurarse de que las fórmulas son correctas. Es bastante obvio en este sencillo ejemplo:

	Apples	Pears	Bananas	Oranges	Total
North	45	32	40	51	168
South	97	65	73	96	331
East	66	40	51	63	220
West	48	36	43	52	179
Total	256	173	207	262	898

Check 0

A medida que las hojas de cálculo se hacen más complejas, incluyendo bloques y subbloques, como la cuenta de resultados, resulta más difícil cometer errores, por lo que es aún más importante incluir comprobaciones. Aquí sólo tenemos que asegurarnos de que la vertical y la horizontal son iguales: la más pequeña debe ser cero. Excel suele intentar avisar de los problemas mostrando un pequeño icono de peligro, pero esto no siempre es eficaz.

11,370.92	$	11,370.92	$
25,5 ! 2	$	25,549.62	$
19,000.00	$	19,000.00	$
1,950.00	$	1,950.00	$
135.00	$	135.00	$

Llame la atención sobre las entradas y salidas de sus modelos "hipotéticos".

Para que los modelos complejos resulten fáciles de usar para los demás, conviene destacar los campos que deben rellenar los operadores e incluso agrupar y explicar los resultados de los modelos.

Evite crear filas para crear espacios visualmente atractivos como componente de diseño.

Excel trata las filas en blanco de forma diferente según las funciones que necesite utilizar y trata los datos de diferentes listas como si fueran listas separadas. Por ejemplo, el autorrelleno y las fórmulas continuarán ambos se detiene en una fila en blanco, por lo que puede descubrir que su hoja de cálculo no se actualiza como usted anticipa.

Evita poner filas o columnas vacías en una hoja de cálculo. Utiliza el formato para llamar la atención sobre la información importante, haciendo que la hoja de cálculo sea más fácil de leer y digerir.

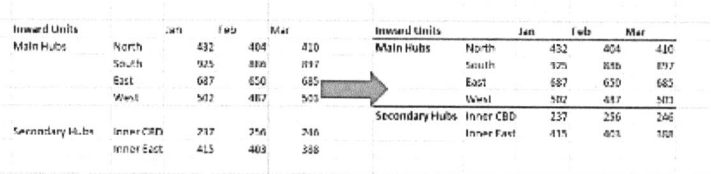

Por ejemplo, no debe utilizar Excel cuando utilice un programa alternativo.

La personalización que se adapta a tus necesidades se consigue mediante el uso de Excel. Como consecuencia, mucha gente lo utiliza para cosas distintas de las que está pensado, como la planificación de proyectos y la gestión de tareas, que no tiene potencia suficiente para algo más que la simple gestión del trabajo. La forma más habitual de abusar de él es como base de datos. Excel no es una base de datos relacional, aunque a menudo se utilice como tal. Si las hojas de cálculo se utilizan para la planificación de proyectos complejos, la gestión del trabajo o el almacenamiento de datos sin procesar, su mantenimiento puede resultar tedioso. Sin embargo, si tus clientes necesitan desplazarse o compartir una hoja de cálculo para completar sus tareas, utilizar Excel como base de datos probablemente no sea una buena idea. Deberías plantearte utilizar Access o SQL en lugar de Microsoft Excel.

Obtener una impresión de toda la hoja de cálculo

Los usuarios suelen cometer este error cuando pulsan el botón Imprimir y se dan cuenta de que se ha impreso toda la hoja de cálculo, incluidas las filas y columnas vacías. En su lugar, seleccione la información que desea imprimir y, a continuación, elija Archivo > Imprimir > Imprimir selección para imprimir sólo la información seleccionada. Ahorra bosques (y tóner de impresora) y evita que tus compañeros de trabajo te odien por atascar la impresora durante mucho tiempo.

Al aplicar formato a una columna, puede elegir toda la columna.

En Excel, seleccionar una columna o fila entera es tan fácil como hacer clic en la cabecera y colorearla, añadir una fila o lo que quieras. Puede tener consecuencias no deseadas. Por ejemplo, puede ralentizar el ordenador, reducir el rendimiento y dificultar la impresión. El mayor problema es que confunde a la gente, sobre todo si creen que se trata de un error, como se pregunta: ¿Ha querido decir que todas las líneas debajo de su información son de color amarillo brillante? ¿Falta algo en la página o hay un error de formato? Cuando la gente se detiene y cuestiona tu información, afecta negativamente a tu productividad y crea incredulidad en la integridad de tu información/diseño.

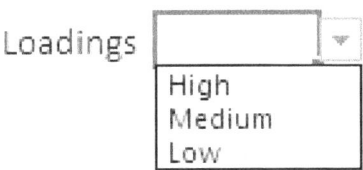

Incorpore la validación de datos a sus modelos.

Excel te ayuda mucho, sobre todo con la función Autocompletar, que te ayuda a alinear el texto mientras escribes texto libre. Sin embargo, abre la posibilidad de que los usuarios tengan diferentes estilos de escritura. En su lugar, la validación de datos debe garantizar que los usuarios seleccionen el identificador de texto correcto, como el nombre de una empresa. Cree criterios para garantizar que los usuarios sólo puedan seleccionar los datos correctos yendo a Datos > Validación de datos e introduciendo los datos requeridos. Excel te ayuda mucho, especialmente con la función Autocompletar, que te ayuda a alinear el texto a medida que escribes texto libre. Sin embargo, abre la posibilidad de que los usuarios tengan diferentes estilos de escritura. En su lugar, la validación de datos debe garantizar que los usuarios seleccionen el identificador de texto correcto, como el nombre de una empresa. Cree criterios para garantizar que los usuarios sólo puedan seleccionar los datos correctos yendo a Datos > Validación de datos e introduciendo los datos requeridos. Excel te ayuda mucho, especialmente con la función Autocompletar, que te ayuda a alinear el texto a medida que escribes texto libre. Sin embargo, abre la posibilidad de que los usuarios tengan diferentes estilos de escritura. En su lugar, la validación de datos debe garantizar que los usuarios seleccionen el identificador de texto correcto, como el nombre de una empresa. Cree criterios para garantizar que los usuarios sólo puedan seleccionar los datos correctos yendo a Datos > Validación de datos e introduciendo los datos requeridos.

Utilizar el rojo como color de acento

Esta actividad es habitual en los casos en que se desea que los datos destaquen sobre los demás. Recuerde que. Sin embargo, este color tiene un significado. Por ejemplo, el rojo indica negatividad y puede hacer girar la cabeza de tu contable. Además, el énfasis puede perderse al imprimir la hoja de cálculo (en escala de grises si se utiliza BandW).

Tenga cuidado. Las celdas se están combinando.

Dado que la fórmula sobre la celda combinada no puede rellenarse fácilmente, puede resultar difícil ordenar y filtrar los datos. Las celdas a menudo se combinan como una opción de diseño, pero normalmente es mejor usar Formato de celdas > Alinear > Centrar en toda la selección en lugar de combinar. Hace el mismo trabajo si desea mejorar la apariencia de sus encabezados informativos.

Errores en la lógica de la hoja de cálculo.

Las hojas de cálculo son notoriamente rígidas en cosas como el orden en que se realizan las operaciones. Si no introduces las ecuaciones y fórmulas correctamente, obtendrás resultados incorrectos, lo que puede hacer que tu hoja de cálculo se bloquee por completo. Afortunadamente, hay formas de evitarlo, y es tan sencillo como añadir llaves adicionales. Utiliza las partes de las ecuaciones para obtener el resultado deseado.

Uso inadecuado de funciones incorporadas.

Una sola letra incorrecta en una función puede cambiar completamente su significado. Por ejemplo, la función PROMEDIO ignora todo el texto y los elementos no válidos. AVERAGE A elimina todo el texto y las entradas incorrectas de la ecuación. Esta única letra puede tener un profundo efecto en la actitud y los valores de tu hoja de cálculo. Durante años, las empresas han utilizado mal las funciones y han introducido números incorrectos en sus hojas de cálculo, lo que ha provocado pérdidas millonarias. Siempre debes comprobar las funciones antes de continuar para asegurarte de que utilizas las correctas.

Fracaso en la replicación de todas las células necesarias.

Cuando se trabaja con hojas de cálculo es frecuente copiar y pegar. El problema típico es que los usuarios no seleccionan todas las celdas que necesitan copiar y pegar en la siguiente hoja de cálculo, lo cual es muy frustrante. Si no lo hacen, tienen información que no existe. Si no se detecta y corrige, puede tener graves consecuencias. Como las hojas de cálculo pueden crecer hasta proporciones absurdas, esto es más difícil de lo que parece. Si tienes 15 años de información financiera y sólo copias 10, es posible que no notes inmediatamente la diferencia si no estás atento.

Guarda sólo cuando sea necesario.

Parece extraño, pero es cierto. Hay que ahorrar sólo cuando sea necesario. Este consejo contradice directamente el tan oído de ahorrar dinero con regularidad. He aquí algunas razones por las que debe ahorrar sólo cuando sea absolutamente necesario. Como no cometiste ningún error al procesar la hoja de cálculo guardada, pudiste completar el proyecto con una impecable. A veces cometes un error, y se guarda, y el error se guarda, y no puedes restaurar una copia limpia más tarde. Por lo tanto, debes guardar sólo cuando estés seguro de que lo que has hecho es correcto.

Borre los nombres de los rangos después de haber borrado todas las celdas que contienen.

Si borras todas las celdas de un rango, también debes borrar los nombres de los rangos por las mismas razones que en el número siete. Si realizas cambios significativos en una hoja de cálculo, debes actualizar todos los elementos del cambio para asegurarte de que se mantiene la documentación correcta. Si no lo haces, es posible que otros vuelvan a introducir información que se pretendía borrar, con lo que las funciones de búsqueda y ordenación quedarían inutilizadas.

Haz que una segunda persona vaya a tu trabajo.

La mayoría de los errores más graves cometidos en el mundo de las hojas de cálculo se deben a personas que no comprueban su trabajo. Este error se transmite luego a la cadena de mando sin que nadie supervise a fondo el trabajo de los demás, lo que puede tener consecuencias desastrosas para la organización. Si trabajas con hojas de cálculo, es recomendable que otra persona compruebe tus números repetidamente para asegurarte de que coinciden. Si eres responsable de empleados que trabajan con hojas de cálculo, deberías revisar su trabajo más a menudo. Según un artículo de 2013, alrededor del 88% de las hojas de cálculo contienen errores. No es una cifra muy alentadora. Solo es necesario que prestes siempre atención. Tus ojos definitivamente comenzarán a perderse cosas cuando se vean obligados a mirar pequeñas cantidades en pequeños bloques durante la mayor parte del día. No olvides tomarte un descanso del ordenador de vez en cuando para que tus ojos y tu cerebro descansen de mirar fijamente a la pantalla. Las hojas de cálculo son útiles pero consumen mucho tiempo, y puedes estropear fácilmente lo que estás haciendo si no prestas atención.

Capítulo 12: Excel y la vida cotidiana

Microsoft Excel almacena y analiza datos en forma numérica en una hoja de cálculo. Una hoja de cálculo es una colección de filas y columnas que forman una tabla. A diferencia de los números, a las columnas se les asignan letras del alfabeto, mientras que a las filas se les asignan números. Las filas y columnas están conectadas a una ubicación de celda, y una dirección de celda es una letra que representa una fila en el índice. Además, Microsoft Excel puede incluir herramientas gráficas, cálculos, tablas dinámicas y programas visuales básicos, un lenguaje de programación para crear macros (también conocido como programación de macros). Además, dispone de varias funciones que aportan soluciones a cuestiones técnicas, económicas y estadísticas. Excel también puede mostrar datos en forma de diagramas de líneas, gráficos e histogramas, pero se limita a la información visual tridimensional.

12.1 Mantener los costes bajo control

Los particulares suelen utilizarlo para realizar tareas, ya que ofrece varias ventajas. Gestionar los gastos es más fácil con Microsoft Excel. Supongamos que los ingresos mensuales de un profesor rondan los 60.000 dólares. Debe registrar sus gastos y utilizar Microsoft Excel para determinar el coste mensual. Esto se consigue introduciendo los datos del salario y los gastos mensuales en hojas de cálculo de Excel, lo que le permite realizar un seguimiento y gestionar los gastos de forma adecuada. La gestión de gastos es una de las aplicaciones más potentes de Microsoft Excel en la vida cotidiana.

12.2 Consolida los datos en un único lugar

Una característica asombrosa de Microsoft Excel es la capacidad de integrar grandes cantidades de datos en un solo lugar. Tiene la ventaja de evitar la pérdida accidental de datos. La información se almacena en un solo lugar. Como resultado, ahorras tiempo al no tener que buscar archivos. Cuando recuperas información de un archivo, necesitas organizar y categorizar los datos para ahorrar tiempo.

12.3 Acceso a la información a través de Internet

Microsoft Excel es accesible desde cualquier lugar de la Web, lo que significa que puedes acceder a él desde cualquier dispositivo, lugar u hora del día. Ofrece cómodas opciones de trabajo, lo que significa que puedes utilizar tu teléfono móvil para completar tareas incluso cuando no dispongas de un ordenador. Por último, como ofrece una gran adaptabilidad, permite que la gente lo utilice fácilmente con independencia de su ubicación o dispositivo.

12.4 Hace que la visualización de datos sea más ilustrativa

El uso de Microsoft Excel facilita la presentación de datos de forma más informativa. Ayuda a realizar las barras de información, a identificar archivos específicos resaltándolos y a presentar la información de forma visualmente atractiva. Por ejemplo, si tienes datos en Excel y quieres llamar la atención sobre una sección específica, utiliza los múltiples aspectos de presentación de datos de MS Excel. Además, las hojas de cálculo pueden diseñarse de forma que resulten más atractivas visualmente para la información almacenada en ellas.

12.5 Seguridad

Dado que el principal objetivo de Microsoft Excel es proporcionar seguridad, los consumidores pueden proteger sus datos. Los archivos almacenados en este programa pueden protegerse con un código de contraseña personal que impide que otros accedan a ellos o los destruyan. Pueden encajarse en una hoja de cálculo de Excel o crearse mediante una sencilla programación visual. Otro punto positivo del uso de Excel es que almacena información importante de forma estructurada y requiere menos tiempo para acceder a ella que otros métodos de almacenamiento de datos. El uso de Microsoft Excel permite encontrar soluciones rápidas a los problemas.

12.6 Formule sus pensamientos en términos matemáticos

Las fórmulas matemáticas de Microsoft Excel facilitan el trabajo. Los problemas aritméticos complejos pueden resolverse fácilmente sin esfuerzo adicional. El programa dispone de varias fórmulas que se pueden utilizar para resolver problemas, por ejemplo, para determinar simultáneamente la media y la suma de grandes cantidades de datos. Por lo tanto, Excel es la herramienta más eficaz para obtener respuestas y utilizar las funciones matemáticas básicas que se encuentran en las tablas que contienen grandes cantidades de datos.

12.7 Recuperar información de hojas de cálculo y bases de datos

Microsoft Excel permite recuperar datos sin problemas en caso de pérdida de datos. Si se pierden o destruyen sus datos importantes almacenados en Excel, no se preocupe porque la nueva versión de Excel dispone de un formato para recuperar los datos perdidos o dañados. Además, ofrece funciones como las tablas que facilitan el trabajo y el formato XML que reduce el tamaño de las hojas de cálculo para que los archivos sean más compactos cuando se trabaja con archivos de gran tamaño.

12.8 Haga su trabajo más cómodo

Microsoft Excel incluye varias herramientas que simplifican el proceso y requieren poco tiempo. La herramienta proporcionada puede filtrar, ordenar y buscar datos para facilitar el trabajo. También puede combinar las herramientas con tablas dinámicas y gráficos para acelerar la tarea. Te permite examinar muchos elementos de grandes conjuntos de datos con poco esfuerzo, y te ayuda a encontrar respuestas a preguntas y problemas.

12.9 Ha mejorado la gestión del tiempo.

Todos los días hay que ocuparse de muchas tareas si se quiere ser un empresario y directivo de éxito o incluso un simple empleado en una gran empresa. Tienes que ser productivo y eficiente en lo que haces para tener éxito. Varias funciones de Excel son útiles en esta situación. Conocer los atajos de teclado de Excel más utilizados puede aumentar tu productividad y mejorar tus habilidades de gestión del tiempo. Obtenga más información sobre todos los métodos abreviados de teclado más utilizados en Excel. Además, se pueden utilizar macros y otras fórmulas para automatizar tareas en el ordenador. Aprovechando los ingeniosos trucos de Excel, puedes liberar mucho tiempo para centrarte en tareas más complejas mientras Excel se encarga de la mayor parte del trabajo rutinario, repetitivo y basado en fórmulas.

12.10 Examinar a fondo los hechos

Cuando se trata de grandes cantidades de datos, el proceso puede resultar confuso. Como resultado, no es fácil obtener grandes patrones a partir de los datos y recursos existentes cuando se quieren analizar los datos cuantitativamente. Por lo tanto, no se pueden hacer predicciones precisas basadas en la información que se tiene. Microsoft Excel puede ser realmente útil en esta situación. El programa te ofrece funciones como el formato condicional, que te permite resaltar las filas que cumplen determinados criterios. Una representación visual de todos tus datos te libera tiempo, porque ya no estás limitado a centrarte en puntos de datos individuales, sino que puedes tener en cuenta el panorama general y hacer predicciones que tienen más probabilidades de hacerse realidad. Excel también permite crear diversas representaciones gráficas, como diagramas circulares, gráficos e histogramas, que facilitan la presentación de los datos y la hacen visualmente atractiva. Todos los miembros de tu organización, grupo o proyecto están en la misma sintonía a la hora de interpretar la información resultante de esta colaboración.

12.11 Cálculos más rápidos y precisos

Con las fórmulas de Excel, puedes realizar cálculos de forma más rápida y automática que manualmente. Si conoces Excel, no tienes que hacer cálculos numéricos complejos a mano, lo que lleva mucho tiempo y es propenso a errores humanos en su mayoría. También puedes realizar incluso los cálculos y operaciones más complejos con un solo clic, sin perder tiempo ni comprometer la precisión, porque dominas los conceptos y datos avanzados de Excel.

12.12 Mejora de la capacidad de análisis de la información

En particular, en lo que se refiere a análisis y cálculos, Microsoft Excel ofrece a los alumnos una gran cantidad de alternativas creativas. Comprender la economía es el aspecto más importante para el éxito de una empresa. La ausencia de capacidad analítica entre las personas encargadas de evaluar las cuentas financieras y otros indicadores críticos ha hecho sufrir a muchas organizaciones. Los estudiantes se benefician del uso de Excel, ya que les proporciona los conocimientos y el talento que requieren las actividades académicas para tener éxito, así como sus futuras actividades profesionales.

profesionales. Como resultado de su uso en la administración, análisis y ejecución de cálculos financieros en los negocios y en la vida diaria, Excel puede ayudar en el desarrollo de fuertes talentos analíticos.

Supongamos que puedes demostrar pericia en la gestión financiera y en el uso de Excel para hacer análisis incluso antes de empezar a trabajar para una empresa. En ese caso, la organización o el lugar donde estés empleado se verá beneficiada. También es probable que la empresa en la que vaya a trabajar ya utilice Excel o un programa informático similar al que usted estará acostumbrado. Gracias a tu experiencia práctica, estarás bien preparado para labrarte un nombre en el mundo profesional.

12.13 Técnicas y principios de visualización de datos

Aunque Excel puede realizar cálculos y presentar fórmulas, también dispone de una amplia gama de herramientas de visualización de datos, como ya se ha mencionado. En particular, la visualización de datos es una habilidad increíblemente valiosa cuando se trabaja con grupos de personas de diferentes disciplinas. No todos los empleados de una empresa entienden los datos brutos de números, porcentajes y estadísticas. Según las investigaciones, la mayoría de la gente prefiere presentar la información de forma visualmente atractiva y fácil de consumir. Cuando se experimenta una situación de este tipo, varias opciones de visualización en Excel pueden ser realmente útiles. Utilizando gráficos circulares, gráficos de barras, histogramas y otras representaciones visuales de datos, puedes mostrar tus datos, resultados y tendencias futuras en un estilo visualmente atractivo que atraiga a tu audiencia. Puede asegurarse de que todo el mundo en su organización -desde los equipos de marketing a los de ventas, desde los ingenieros a los altos ejecutivos- está en la misma página sobre todos los datos, previsiones y decisiones de la empresa. Además, las herramientas más sofisticadas permiten una visualización de datos más precisa y avanzada. Aunque los estudiantes deben estar familiarizados con las técnicas de visualización de Excel, iniciarse en la profesión es aún más importante después de la graduación. Los estudiantes que cursan una licenciatura en administración de empresas o un máster en economía están familiarizados con el dibujo de curvas de oferta y demanda, la predicción del futuro basada en datos, el cálculo del beneficio neto y el margen de beneficio, y la predicción del futuro basada en datos. Puede reproducirse fácilmente en Excel para que los estudiantes tengan una comprensión más profunda y completa del contenido.

Capítulo 13: Negocios y Microsoft Excel

Cuando Microsoft Excel salió al mercado por primera vez en 1985, era un pequeño software que rápidamente se convirtió en el programa informático de oficina más importante de todo el mundo. Las empresas sacan partido de un sólido conocimiento de Excel. Se aplica a todas las funciones. Excel es una potente herramienta que ha arraigado en todo el mundo para el análisis de inventarios, la publicación de empresas, la elaboración de presupuestos y la gestión de listas de ventas de clientes.

Las hojas de cálculo sirven para casi todo.

Excel para empresas casi no ofrece restricciones en cuanto a las aplicaciones que puede utilizar. He aquí algunos ejemplos:

• Si estás organizando un viaje de equipo a un partido de béisbol, Excel puede utilizarse para registrar la lista de RSVP y los gastos relacionados.

• Microsoft Excel prepara previsiones de ingresos de nuevos productos basadas en previsiones de nuevos clientes.

• A la hora de crear un calendario editorial para una página web, puede utilizar una hoja de cálculo para determinar las fechas y los temas a tratar.

• Puede presupuestar partidas pequeñas anotando las categorías de consumo en una hoja de cálculo, actualizándola mensualmente y creando un gráfico que muestre en qué medida la partida se ajusta al presupuesto de cada área, como se muestra en la Figura 1.

• En función del importe de compra mensual de cada producto, puede asignarles descuentos por cliente.

• Los usuarios pueden ver el desglose de los ingresos derivados de los clientes para identificar las áreas en las que se pueden mejorar las interacciones con los clientes.

• Utilice calculadoras sofisticadas como los ratios de Sharpe en su beneficio.

MS Excel se utiliza para diversas tareas, como recopilar, analizar, ordenar y elaborar informes. Las tablas son muy populares en las empresas porque son visuales y relativamente sencillas. El análisis empresarial, la gestión de recursos humanos, los informes de rendimiento y la gestión de operaciones son sólo algunas de las muchas aplicaciones de Microsoft Excel que suelen encontrarse en las empresas. Dado que analizamos datos de empleo, podemos afirmar con seguridad lo siguiente (utilizando MS Excel).

13.1 Análisis Empresarial

El uso más extendido de Microsoft Excel en la oficina es el análisis empresarial.

La inteligencia empresarial es simplemente el proceso de utilizar datos para tomar decisiones. Las empresas recopilan datos de forma natural como parte de sus operaciones diarias, que pueden incluir información sobre ventas de productos, tráfico de páginas web, entregas, reclamaciones de seguros y otros factores.

La inteligencia empresarial consiste en transformar los datos en información valiosa para los responsables de la gestión de una empresa. Por ejemplo, se puede crear un informe de beneficios basado en el día de la semana. Si un negocio pierde dinero sistemáticamente los domingos, la dirección puede utilizar esta información para tomar una decisión (por ejemplo, cerrar los domingos).

Analista empresarial, estratega de planificación empresarial, investigador de soluciones empresariales, analista de cuentas por cobrar, analista de gestión de créditos, gestor de pagos, estadístico, analista de datos y audiencias, analista financiero empresarial, analista de carteras de inversión, investigador junior, analista financiero regional, analista de información de gestión, analista financiero sénior, analista sénior de carteras son sólo algunos ejemplos de puestos de trabajo con los que puede obtener contactos.

13.2 Gestión de personal

Evidentemente, una aplicación empresarial habitual de Excel es la gestión de personas.

Una hoja de cálculo de Microsoft Excel es una herramienta útil para organizar información personal, ya sea sobre empleados, clientes, simpatizantes o eventos de formación.

La información personal puede almacenarse y utilizarse de forma rápida y eficaz con Excel. Una fila o columna de la hoja de cálculo puede almacenar un registro individual, incluyendo información como el nombre de la persona, la dirección de correo electrónico, la fecha de inicio del empleado, los artículos comprados, el estado del pedido y la fecha de la última interacción con la empresa.

Coordinador de Atención al Cliente, Gestión y Administración de Clientes, Gerente de Relaciones con el Cliente, Representante de Atención al Cliente, Especialista en Atención al Cliente, Consultor de Recursos Humanos, Gerente de Recursos Humanos, Gerente de Recursos Humanos, Mentor de Recursos Humanos, Gerente de Recursos Humanos, Investigador Junior de Recursos Humanos, Gerente de Conciliación y Pagos y Gerente de relaciones son solo algunos ejemplos de trabajos disponibles.

13.3 Gestión de operaciones

La gestión diaria de muchas empresas depende en gran medida del uso de Excel.

La actividad empresarial puede implicar a menudo retos logísticos difíciles de gestionar. Para que su negocio funcione sin problemas y, por ejemplo, para evitar el exceso de existencias de determinados artículos, debe mantener un estricto control del inventario. Registrar los eventos de proveedores y clientes, marcar las fechas importantes y gestionar el tiempo y los horarios forman parte del trabajo.

Aunque Amazon gestiona sus operaciones con un avanzado software a medida, Microsoft Excel es esencial para muchas empresas pequeñas, especialmente las del sector servicios (o cualquier empresa de mayor tamaño). Excel tiene la ventaja de ser relativamente poco tecnológico, lo que permite que mucha gente lo utilice sin riesgo de cometer errores de programación.

13.4 Informes de rendimiento

La supervisión del rendimiento y la elaboración de informes es una forma especializada de análisis empresarial que puede realizarse eficazmente utilizando Microsoft Excel. Por ejemplo, innumerables contables siguen confiando en Microsoft Excel (en parte por su compatibilidad con los sistemas de nóminas basados en la nube).

Por varias razones, la creación de una tabla dinámica en Excel es la acción utilizada para convertir los datos en un informe de rendimiento. Crear una tabla dinámica y añadirla a los datos puede extraer rápidamente más información importante de un conjunto de datos que antes no existía. Contar y sumar determinadas categorías de datos de un conjunto de datos son sólo algunas de las tareas que pueden realizar las tablas dinámicas con sus diversas funciones incorporadas.

13.5 Administración de oficinas

Por ejemplo, debido a la importancia de Microsoft Excel, los jefes de oficina lo utilizan para introducir y almacenar información administrativa importante, lo que demuestra la versatilidad del programa. La misma información puede utilizarse para la futura contabilidad, el análisis financiero y empresarial y la elaboración de informes de beneficios. Además de tareas cotidianas como facturar, pagar facturas y comunicarse con proveedores y clientes (entre otras), Excel es esencial en la gestión de oficinas. Se trata de una herramienta de uso general para supervisar y gestionar las actividades de la oficina.

13.6 Análisis estratégico

El análisis estratégico consiste en relacionar firmemente las decisiones empresariales con los datos y las fórmulas de las hojas de cálculo de Excel. Por ejemplo, se utiliza Excel para orientar las decisiones de inversión y la asignación de activos.

Por ejemplo, puede elegir una póliza de seguros basándose en los resultados de un modelo de Excel. El análisis de gráficos está diseñado de una manera determinada para formar opciones de negociación.

13.7 Gestión de proyectos

Aunque los gestores de proyectos tienen acceso a software de gestión de proyectos (PM) diseñado para sus necesidades, a veces un libro de Excel es una gran alternativa. Los proyectos son actividades empresariales que suelen tener un presupuesto y unas fechas de inicio y finalización. Añadir las ideas del proyecto a un libro de trabajo facilita el seguimiento de los avances y el cumplimiento del calendario.

Una ventaja de utilizar Excel es que resulta fácil compartir el libro de proyectos con otras personas, especialmente con aquellas que no están familiarizadas con su software de gestión de proyectos (software PM) o no tienen acceso a él.

13.8 Gestión de programas

Excel es una herramienta útil para organizar y gestionar programas. Puede personalizarse para manejar las características únicas de un programa concreto. Además, como Microsoft Excel se utiliza ampliamente, los registros de los programas pueden ser gestionados fácilmente por un grupo de personas y transferidos con relativa facilidad a un nuevo administrador cuando llegue el momento. Un programa es similar a un proyecto, salvo que puede ser continuo y depender de la participación de las personas. Los administradores pueden utilizar Microsoft Excel para compartir recursos, hacer un seguimiento del progreso y gestionar la información de los participantes, entre otras cosas.

13.9 Administración de contratos

A los gestores de contratos les gusta utilizar Microsoft Excel porque es una herramienta sencilla para documentar información contractual como fechas, hitos, entregables e importes de pago. Existen muchos modelos diferentes de gestión de contratos, y cada uno puede adaptarse al tipo de contrato utilizado o a la fase del ciclo de vida del contrato.

13.10 Gestión de cuentas

Los gestores de cuentas suelen recibir formación en Microsoft Excel porque reciben y gestionan la información de los clientes. La principal función del gestor de cuentas es mantener y establecer relaciones con los clientes actuales y potenciales de la empresa. Ganarse la lealtad de los clientes y generar negocios repetidos son objetivos importantes por los que luchar. Los recién graduados en MBA que deseen trabajar en marketing encontrarán en esta profesión una opción muy popular. Microsoft Excel se utiliza a menudo en la gestión financiera porque permite compartir y almacenar fácilmente los datos de los clientes.

13.11 Análisis de datos

Así que tu trabajo consiste en analizar enormes cantidades de datos y sacar conclusiones procesables. Pero no te preocupes; Excel te ayudará a gestionar y sintetizar tus resultados de forma clara y comprensible. Las tablas dinámicas son herramientas muy útiles para ello. Permiten a los usuarios centrarse en información específica de un enorme conjunto de datos, dando lugar a breves instantáneas que pueden utilizarse como parte de un informe resumido interactivo. La tabla puede personalizarse fácilmente para mostrar los campos de datos deseados añadiendo filtros o cambiando los segmentos de datos.

13.12 Distribución y visualización de la información

Los datos, tanto de conjuntos de datos sin procesar como de tablas dinámicas, pueden crear cuadros y gráficos. Los datos pueden agregarse, lo que permite preparar informes y presentaciones formales y analizar e interpretar los datos. Son valiosos porque pueden ofrecer una perspectiva diferente de las tendencias y el rendimiento. Excel dispone de una selección de plantillas de gráficos ya preparadas, pero también permite a los usuarios personalizar características como los colores, los valores de los ejes y los comentarios de texto seleccionándolos en un menú desplegable. Los informes visuales pueden utilizarse en diversos entornos empresariales. Los equipos de marketing pueden utilizar gráficos de barras para informar sobre la eficacia de una campaña publicitaria a lo largo del tiempo y compararla con esfuerzos anteriores, por ejemplo.

13.13 Proyecciones y Previsiones

Aunque informar y evaluar los resultados es una parte fundamental de cualquier organización, es igualmente importante anticiparse y prepararse para diferentes situaciones y cambios. Utilizar Excel con herramientas de terceros puede ser útil para modelizar previsiones financieras utilizando datos históricos. Excel también puede tomar un conjunto de datos de un gráfico para crear una fórmula empleada para predecir valores futuros en el gráfico.

13.14 Almacenamiento de datos

Excel Basic es una gran herramienta para introducir y almacenar datos. De hecho, el tamaño de un archivo Excel sólo está limitado por la capacidad y la memoria de tu ordenador. Las hojas de cálculo pueden tener un máximo de 1,0 8,576 filas y 16,38 columnas. Gracias a ello, Excel puede almacenar una gran cantidad de datos.

Los usuarios pueden crear formularios de entrada de datos personalizados que se adapten a sus necesidades empresariales utilizando funciones como el formulario de datos. No sólo eso, sino que funciones como el formulario de datos facilitan la introducción y exploración de datos. Dos ejemplos de su uso son la creación de un número y la gestión de listas de correo de consumidores o listas de turnos de empleados. Excel, en su nivel más básico, es una herramienta excelente para introducir y almacenar datos. De hecho, el tamaño de un archivo Excel sólo está limitado por la capacidad y la memoria de tu ordenador. Las hojas de cálculo pueden tener un máximo de 1,0 8,576 filas y 16,38 columnas. Gracias a ello, Excel puede almacenar una gran cantidad de datos. Los usuarios pueden crear formularios de entrada de datos personalizados que se adapten a las necesidades de su empresa utilizando funciones como el formulario de datos. No sólo eso, sino que funciones como el formulario de datos facilitan la introducción y exploración de datos. Crear y gestionar listas de correo de consumidores o listas de turnos de empleados son ejemplos de su uso.

Conclusión

Cuanto más aprendas sobre Excel, mejor aprenderás a utilizarlo en tu vida diaria. Es mejor invertir tiempo en aprender que perderlo en actividades triviales. Reconoce tus responsabilidades como estudiante y recuerda que la educación es más importante que divertirse.

Como colección de datos estructurados en columnas y filas, la hoja de cálculo mejora la ejecución más rápida y precisa de los cálculos. Las imágenes, los textos y las fórmulas deben mezclarse e interpretarse de forma elegante y atractiva para que quede claro el significado de los números. Hay suficientes tareas y rutinas diarias para toda una vida. El horario de una persona puede diferir del de otra. Sin embargo, debemos seguirlo. Teniendo en cuenta cómo ha afectado la tecnología a nuestra vida cotidiana, no podemos imaginar un mundo sin ella. En nuestro día a día, utilizamos diversas tecnologías para hacer nuestra vida más fácil y compleja.

Imagine un mundo sin Internet ni programas de Microsoft como Excel. Las imágenes tendrían un tono blanco y negro. Así pues, podemos concluir que Microsoft Excel es indispensable cada día. Cuanto más te preocupes por Excel, más rápido mejorarás. MS Excel sigue la misma filosofía.

En la actualidad, Microsoft Excel integra los datos de Excel en diversas aplicaciones, desarrollando formas de utilizar, comprender y mostrar los datos de Excel. Incluso Excel utiliza hojas de cálculo para explicar presentaciones de PowerPoint. Podemos pegar datos de Excel en Word o PowerPoint utilizando las funciones de copiar y pegar. Además, podemos proteger con contraseña nuestra hoja de cálculo con Microsoft Excel, de modo que cualquiera pueda verla e imprimirla pero no hacer ningún cambio. Incluso se puede guardar la hoja de cálculo como plantilla. Guardar nuestro libro de trabajo como referencia evita tener que volver a crear una hoja de trabajo especial en caso necesario. También podemos guardar trabajos en diferentes formatos. Si desarrollas al máximo tus conocimientos de Excel, podrás trabajar con análisis.

Como hemos visto, acabamos de explicar que Excel tiene varios usos; sin embargo, hemos explicado un grupo de ellos. Por ejemplo, Excel realmente mejora nuestra vida. Ahora resolvemos problemas de oficina o de proyectos sin conocimientos previos de aritmética o estadística. Microsoft Excel lo hace posible, así que motívate para aprender a utilizar Microsoft Excel.

Excel es una herramienta fundamental en los negocios. Para los empresarios, Excel es una herramienta empresarial muy utilizada; dependiendo de la empresa, Excel no suele utilizarse en las grandes organizaciones. Por el contrario, las pequeñas empresas cuentan con Excel para sus operaciones diarias. Una empresa utiliza Microsoft Excel principalmente para crear objetivos, planificar y preparar.

Gracias a Excel, las empresas pueden realizar operaciones cotidianas de gestión empresarial. Además, los particulares pueden predecir sus resultados. Los algoritmos financieros de Excel funcionan de forma brillante para la empresa.

Actualizaciones de Excel Insights para 2025

Dominando Microsoft Excel: Actualizaciones y Estrategias de Experto

Esta sección incluye las últimas mejoras y actualizaciones basadas en investigaciones de Excel para 2025. Esto es lo que encontrarás:

- Mejoras de Microsoft Copilot: Aprovecha las herramientas impulsadas por IA para un análisis de datos avanzado y automatización.
- Arreglos dinámicos y Power Query: Agiliza los flujos de trabajo con técnicas de gestión de datos de vanguardia. Soluciones actualizadas para desafíos comunes: Soluciona errores de Excel y optimiza funciones como las tablas dinámicas, el formato condicional y más.
- Consejos avanzados para visualización de datos y protección: Mantente a la vanguardia con las mejores prácticas para la seguridad de datos, la visualización y la colaboración.

Estas actualizaciones te ayudarán a perfeccionar tus habilidades en Excel y a mantenerte a la vanguardia en la gestión y análisis de datos.

Dominar Microsoft Excel: Las 20 preguntas más frecuentes y los consejos de los expertos (a fecha de octubre) 2025

1. ¿Cómo utilizar fórmulas para realizar cálculos?

Las fórmulas en Excel son herramientas esenciales para realizar diversos cálculos y analizar datos de manera eficiente. Funciones como SUMA y PROMEDIO se utilizan comúnmente para calcular totales y medias, respectivamente, mientras que SI ayuda a implementar la lógica condicional devolviendo valores basados en criterios específicos. VLOOKUP simplifica la recuperación de datos en columnas verticales, y COUNTIF permite contar las celdas que cumplen determinadas condiciones. Además, Microsoft Copilot en Excel mejora la productividad aprovechando las capacidades impulsadas por la IA para agilizar el análisis de datos, generar fórmulas, crear visualizaciones e identificar patrones mediante comandos de lenguaje natural. Copilot simplifica tareas complejas a la vez que mantiene estrictos protocolos de privacidad y seguridad de los datos, lo que la convierte en una característica inestimable para mejorar la eficiencia del flujo de trabajo y gestionar diversas tareas de análisis de datos.

2. ¿Cómo puedo solucionar problemas con Microsoft Copilot en Excel?

Si tiene problemas con Microsoft Copilot, como que aparezca en gris o que no responda, asegúrese de que la función esté activada y de que esté utilizando una versión compatible de Excel. Compruebe la configuración de la aplicación, actualícela a la última versión y compruebe que su suscripción incluye Copilot. Además, asegúrese de que los archivos se guardan en OneDrive o SharePoint con la función Autoguardar activada, ya que son requisitos previos para la funcionalidad de Copilot.

3. ¿Cuál es la mejor manera de organizar y visualizar los datos?

Organizar y visualizar datos en Excel es más sencillo gracias a herramientas como las tablas dinámicas, los gráficos y el formato condicional. Las tablas dinámicas permiten a los usuarios resumir y explorar los datos de forma interactiva, mientras que los gráficos ofrecen representaciones visuales claras de tendencias y comparaciones. El formato condicional mejora la legibilidad de los datos resaltando valores específicos o tendencias de forma dinámica, lo que facilita la interpretación de grandes conjuntos de datos.

4. ¿Cómo corregir errores como #VALOR! o #DIV/0!?

Los errores comunes en Excel, como #VALOR! o #DIV/0!, pueden resolverse comprendiendo sus causas. El error #VALUE! se produce cuando una función utiliza tipos de datos no válidos, mientras que #DIV/0! surge al intentar dividir un número por cero o por una celda vacía. Para solucionar estos errores, asegúrese de que los tipos de datos son correctos y añada funciones de gestión de errores como IFERROR para gestionar las entradas no válidas.

5. ¿Puedo automatizar tareas en Excel?

Sí, es posible automatizar tareas en Excel utilizando herramientas como macros y Power Query. Las macros permiten a los usuarios registrar y ejecutar tareas repetitivas con un solo comando, mientras que Power Query facilita la obtención y transformación eficaz de datos de archivos externos o bases de datos. Power Query también admite transformaciones avanzadas, como la desagregación de datos y la fusión de consultas, lo que proporciona capacidades mejoradas para manejar conjuntos de datos complejos.

6. ¿Qué hay de nuevo en las capacidades de IA de Excel?

Sí, es posible automatizar tareas en Excel utilizando herramientas como macros y Power Query. Las macros permiten a los usuarios registrar y ejecutar tareas repetitivas con un solo comando, mientras que Power Query facilita la obtención y transformación eficaz de datos de archivos externos o bases de datos. Power Query también admite transformaciones avanzadas, como la desagregación de datos y la fusión de consultas, lo que proporciona capacidades mejoradas para manejar conjuntos de datos complejos.

7. ¿Cómo colaborar eficazmente en los libros de trabajo?

Excel admite la colaboración en tiempo real, lo que permite a varios usuarios editar un libro de trabajo simultáneamente. El uso compartido a través de OneDrive o SharePoint garantiza que todos los miembros del equipo tengan acceso a la versión más actualizada. Estas herramientas mejoran el trabajo en equipo y agilizan los flujos de trabajo de los proyectos al proporcionar un acceso centralizado y sincronizado a los datos.

8. ¿Cuáles son las mejores prácticas para la protección de datos en Excel?

La protección de datos en Excel implica el uso de funciones como la protección de hojas de cálculo, el cifrado de contraseñas y el control de los niveles de acceso. Al establecer permisos específicos y salvaguardar la información sensible con cifrado, los usuarios pueden garantizar que sus datos permanezcan seguros frente a accesos no autorizados o cambios accidentales.

9. ¿Cómo se utiliza el formato condicional?

El formato condicional en Excel permite a los usuarios aplicar un formato dinámico a las celdas en función de sus valores. Esta función es útil para identificar tendencias, resaltar valores atípicos o destacar puntos de datos críticos. Al establecer reglas condicionales, como cambios de color para rangos específicos, los usuarios pueden mejorar la visibilidad e interpretación de los datos.

10. ¿Cómo gestionar grandes conjuntos de datos?

La gestión de grandes conjuntos de datos en Excel requiere optimizar el rendimiento mediante el filtrado, la clasificación y el aprovechamiento de herramientas como Power Pivot. Aunque Excel puede manejar millones de filas, los cálculos complejos pueden descargarse a Power Pivot para un procesamiento más rápido. Para mejorar aún más el rendimiento y las capacidades de visualización, se recomienda integrar los datos de Excel con Power BI para conjuntos de datos extensos

11. ¿Cómo puedo recuperar libros no guardados?

Los libros no guardados pueden recuperarse mediante la función Autoguardar de Excel o a través del historial de versiones si el archivo está almacenado en OneDrive o SharePoint. Además, los usuarios pueden activar la configuración de AutoRecover para minimizar la pérdida de datos y establecer el hábito de guardar manualmente con frecuencia para garantizar que no se pierdan las actualizaciones críticas

12. ¿Cuáles son las herramientas de análisis de datos de Excel?

Excel ofrece sólidas herramientas de análisis de datos, como Analysis ToolPak, Solver y complementos de análisis de datos. Estas funciones permiten realizar análisis estadísticos, modelos financieros y cálculos de optimización, proporcionando a los usuarios potentes herramientas para extraer información y tomar decisiones basadas en datos. Además, la Herramienta de análisis rápido y los Gráficos o Tablas dinámicas recomendados son opciones para principiantes que Microsoft destaca para obtener información rápida.

13. ¿Cómo puedo trabajar con fechas y horas?

Excel proporciona una serie de funciones para gestionar fechas y horas, como TODAY() para la fecha actual, NOW() para la fecha y hora actuales, y DATEDIF para calcular diferencias entre fechas. Estas funciones, combinadas con opciones de formato, permiten a los usuarios manejar datos relacionados con fechas de forma eficaz.

14. ¿Por qué mi libro no calcula automáticamente?

Cuando Excel no calcula las fórmulas automáticamente, suele deberse a que el libro está configurado en modo de cálculo manual. Los usuarios pueden resolver esto cambiando el modo de cálculo a automático en la pestaña «Fórmulas», asegurando actualizaciones en tiempo real para todas las fórmulas.

15. ¿Cómo se crea un cuadro de mando en Excel?

Los cuadros de mando en Excel se crean integrando elementos como gráficos, tablas y formato condicional para presentar los datos visualmente. Al consolidar las métricas clave en una sola vista, los usuarios pueden supervisar el rendimiento, realizar un seguimiento de las tendencias y tomar decisiones informadas de manera eficiente.

16. ¿Cuál es la diferencia entre VLOOKUP, HLOOKUP y XLOOKUP?

VLOOKUP y HLOOKUP son funciones de búsqueda tradicionales para buscar datos vertical y horizontalmente, respectivamente, mientras que XLOOKUP proporciona una solución más flexible al trabajar tanto en filas como en columnas. XLOOKUP también incluye funciones avanzadas como la gestión de errores por defecto y las búsquedas de coincidencia exacta.

17. ¿Cómo doy formato a las celdas para moneda, porcentaje y números personalizados?

El formateo de celdas en Excel mejora la legibilidad de los datos y garantiza su coherencia. Los usuarios pueden aplicar formatos predefinidos para estilos de moneda, porcentaje o números personalizados accediendo a la sección «Número» en la pestaña «Inicio». Un formato adecuado mejora la claridad y alinea los datos con los fines previstos.

18. ¿Puede Excel gestionar la importación de datos externos?

Excel admite la importación de datos de fuentes externas como archivos CSV, bases de datos y consultas web a través de Power Query. Esta herramienta permite a los usuarios conectar, limpiar y transformar datos antes de incorporarlos a los libros de trabajo, lo que facilita el análisis de información de múltiples orígenes. Power Query también incluye conectores para fuentes de datos basadas en la nube, como Azure y Salesforce, y admite programas de actualización automatizados para actualizar los datos de forma coherente.

19. ¿Cómo solucionar problemas de impresión en Excel?

Los problemas de impresión en Excel, como las salidas desalineadas, pueden solucionarse ajustando las áreas de impresión, las opciones de escala y los saltos de página. Los usuarios pueden previsualizar su libro de trabajo en el modo «Diseño de página» para garantizar una alineación adecuada y modificar la configuración en el menú «Imprimir» para obtener resultados óptimos.

20. ¿Es posible dividir y combinar texto?

Sí, Excel permite a los usuarios dividir y combinar texto de forma eficaz utilizando una serie de funciones integradas. La función CONCATENAR (o TEXTJOIN en las versiones más recientes) permite a los usuarios combinar texto de varias celdas en una sola, lo que resulta especialmente útil para crear cadenas cohesionadas a partir de datos dispersos. Para dividir texto, se suelen utilizar funciones como IZQUIERDA, DERECHA y MEDIA para extraer partes específicas de una cadena en función de la posición de los caracteres. Estas herramientas son inestimables para tareas como reformatear datos, separar valores o combinar información para agilizar el tratamiento de datos.

Dominio de Microsoft Excel: Respuestas expertas a los retos más comunes (Edición 2025)

1. ¿Qué es la función VLOOKUP y cómo se utiliza?

La función VLOOKUP en Excel se utiliza ampliamente para buscar datos específicos dentro de una tabla haciendo referencia a un identificador único. Permite a los usuarios localizar valores en una columna vertical de forma eficaz. Aunque VLOOKUP es potente, no puede buscar hacia la izquierda; para estos casos, se recomiendan funciones como INDEX y MATCH. Además, VLOOKUP busca por defecto una coincidencia aproximada a menos que el cuarto argumento se establezca en FALSE para coincidencias exactas. Esta función es un elemento básico para cruzar datos entre hojas y gestionar grandes conjuntos de datos.

2. ¿Cómo se crean y utilizan las tablas dinámicas?

Las tablas dinámicas son herramientas indispensables para resumir y analizar grandes conjuntos de datos. Permiten reorganizar los datos de forma dinámica, lo que facilita la identificación de tendencias y patrones. Para crear una tabla dinámica, seleccione el intervalo de datos, vaya a la pestaña «Insertar» y elija «Tabla dinámica». Esta función permite agrupar, filtrar y calcular datos, facilitando la identificación de tendencias y patrones. Si surgen problemas, como valores que faltan o agrupaciones incorrectas, ajuste la configuración de los campos o actualice la tabla para resolverlos.

3. ¿Dónde puedo encontrar y utilizar VBA (Visual Basic for Applications) en Excel?

VBA es el lenguaje de programación de Excel para crear macros y automatizar tareas repetitivas. Para acceder a VBA, active la pestaña «Desarrollador» a través de «Archivo > Opciones > Personalizar cinta» y, a continuación, abra el Editor de Visual Basic. Los usuarios pueden grabar macros para automatizar tareas repetitivas o escribir scripts personalizados para operaciones más complejas, como cálculos avanzados o manipulaciones de datos, mejorando significativamente la productividad.

4. ¿Cómo puedo congelar filas o columnas?

La función «Congelar paneles» de Excel es esencial para mantener visibles encabezados o columnas específicas mientras se desplaza por grandes conjuntos de datos. Para congelar filas o columnas, vaya a la pestaña «Ver» y seleccione «Congelar paneles». Los usuarios suelen utilizar esta función para bloquear áreas de referencia importantes, asegurándose de que permanezcan accesibles durante la navegación por los datos. La solución de problemas habituales incluye descongelar paneles para ajustar las selecciones o asegurarse de que se selecciona la celda correcta antes de congelar.

5. ¿Cómo funciona el formato condicional?

El formato condicional en Excel aplica formato a las celdas basándose en criterios especificados. Para configurarlo, selecciona las celdas deseadas, ve a la pestaña «Inicio», haz clic en «Formato condicional» y crea reglas (por ejemplo, resaltar las celdas superiores a un determinado valor). Esta herramienta mejora la legibilidad de los datos al identificar visualmente tendencias, valores atípicos o valores críticos. Utilice la opción «Gestionar reglas» para editar o priorizar eficazmente las condiciones superpuestas.

6. ¿Qué es Microsoft Excel Copilot y por qué no funciona?

Microsoft Excel Copilot es una función basada en IA que ayuda con el análisis, la visualización y la automatización de datos mediante entradas de lenguaje natural. Para funcionar correctamente, Copilot requiere que los archivos se guarden en OneDrive o SharePoint con la función Autoguardar activada. Si no funciona, asegúrese de que se cumplen estas condiciones, compruebe que su suscripción a Microsoft 365 incluye Copilot y actualice Excel a la última versión. En caso de problemas persistentes, compruebe si existen restricciones regionales o actualizaciones en la documentación de soporte de Microsoft.

7. ¿Cómo puedo configurar los modos de cálculo manual y automático?

Excel permite a los usuarios alternar entre los modos de cálculo manual y automático para gestionar el tiempo de recálculo de fórmulas en hojas complejas. Esta configuración puede ajustarse accediendo a «Archivo > Opciones > Fórmulas» y eligiendo el modo deseado. Los recálculos automáticos son ideales para actualizaciones en tiempo real, mientras que el modo manual es preferible para grandes conjuntos de datos a fin de mejorar el rendimiento. Los usuarios suelen preguntar sobre el cambio de modo para evitar retrasos en los cálculos o cambios inesperados.

8. ¿Cuál es la diferencia entre ordenar y filtrar datos?

La ordenación reorganiza los datos en función de los valores de las columnas (por ejemplo, alfabética o numéricamente), mientras que el filtrado sólo muestra las filas que cumplen unos criterios específicos, ocultando el resto. La ordenación cambia el orden de los datos, mientras que el filtrado oculta temporalmente los datos sin alterar su orden. La combinación de ambas herramientas en un mismo conjunto de datos puede permitir a los usuarios centrarse en los datos relevantes manteniendo su estructura general.

9. ¿Cómo se utilizan fórmulas como SUMIF, COUNTIF e IF?

SUMIF suma los valores que cumplen una condición, COUNTIF cuenta las entradas que cumplen un criterio e IF devuelve un valor si una condición es verdadera y otro si es falsa. Por ejemplo, =SUMIF(A1:A10, «>10») suma los valores superiores a 10. Estas fórmulas son esenciales para el análisis de datos específicos y pueden combinarse con la lógica AND/OR para evaluaciones multicriterio. Para la resolución de problemas, asegúrese de que la sintaxis sigue el orden correcto de los argumentos.

10. ¿Qué es el modo de compatibilidad?

El modo de compatibilidad de Excel permite a los usuarios abrir y editar archivos creados en versiones anteriores de Excel. Mientras se está en este modo, algunas funciones más recientes pueden estar desactivadas para mantener la compatibilidad. Para salir del Modo de Compatibilidad, guarde el archivo en el formato actual de Excel haciendo clic en «Archivo > Guardar como» y eligiendo la extensión .xlsx. De este modo se garantiza la plena funcionalidad con las funciones modernas de Excel.

11. ¿Cómo añado validación de datos a las celdas?

La validación de datos restringe el tipo de datos que pueden introducirse en una celda. Para configurarla, seleccione las celdas, vaya a la pestaña «Datos», haga clic en «Validación de datos» y defina los criterios (por ejemplo, números enteros entre 1 y 10). Las opciones avanzadas incluyen la creación de listas desplegables para entradas predefinidas o el uso de fórmulas personalizadas para aplicar reglas de validación dinámicas.

12. ¿Por qué utilizar Power Query?

Power Query es una tecnología de conexión de datos que permite a los usuarios descubrir, conectar, combinar y refinar datos a través de una amplia variedad de fuentes. Simplifica los procesos de importación y transformación de atos, lo que permite realizar análisis de datos e informes eficientes. También permite crear consultas personalizadas y automatizar tareas repetitivas, reduciendo significativamente el esfuerzo manual en la preparación de datos

13. ¿Cómo puedo crear una lista desplegable en Excel?

Para crear una lista desplegable, utilice la función Validación de datos. Seleccione las celdas en las que desea la lista desplegable, vaya a la pestaña «Datos», haga clic en «Validación de datos», elija «Lista» e introduzca los valores de origen. Para las listas dinámicas, refiérase a un rango que se actualiza automáticamente cuando se añaden nuevos valores, utilizando rangos con nombre o tablas.

14. ¿Cómo puedo proteger una hoja de cálculo o celdas específicas?

Para proteger una hoja de cálculo, vaya a la pestaña «Revisar» y haga clic en «Proteger hoja», estableciendo una contraseña si lo desea. Para bloquear celdas específicas, formatéelas como «Bloqueadas» en el menú «Formato de celdas» y, a continuación, proteja la hoja para imponer restricciones mientras deja otras áreas editables.

15. ¿Qué son los rangos con nombre y cómo se utilizan?

Los rangos con nombre en Excel hacen que las fórmulas sean más legibles y simplifican la navegación dentro de grandes conjuntos de datos. Para crear un rango con nombre, selecciona una celda o rango, ve al «Gestor de nombres» en la pestaña «Fórmulas» y asígnale un nombre. Se puede hacer referencia a estos rangos en las fórmulas para mejorar la claridad y la eficiencia, sobre todo en libros de trabajo complejos.

16. ¿Cómo puedo automatizar tareas con macros?

Las macros en Excel son muy útiles para automatizar tareas repetitivas. Los usuarios pueden grabar macros a través de la pestaña «Desarrollador», realizando acciones como el formateo o la manipulación de datos, que luego pueden reproducirse con un solo comando. Asignar macros a botones o accesos directos mejora la accesibilidad y agiliza los flujos de trabajo.

17. ¿Por qué usar tablas de Excel frente a rangos?

Las tablas de Excel ofrecen numerosas ventajas sobre los rangos estándar, como la expansión automática de fórmulas, las referencias estructuradas y las opciones de filtrado integradas. Las tablas son especialmente útiles para manejar conjuntos de datos dinámicos, en los que se añaden o eliminan filas o columnas con frecuencia. Los usuarios suelen explorar estas características para mejorar la gestión de datos y la elaboración de informes.

18. ¿Cómo puedo activar y personalizar la Barra de Herramientas de Acceso Rápido?

La barra de herramientas de acceso rápido de Excel permite a los usuarios personalizar su interfaz añadiendo comandos de uso frecuente. Para personalizarla, haz clic con el botón derecho en la barra de herramientas, selecciona «Personalizar barra de herramientas de acceso rápido» y añade o elimina funciones según tus preferencias. Esta característica mejora la eficiencia al proporcionar un acceso rápido a las herramientas esenciales.

19. ¿Cómo puedo mostrar números en miles, millones o billones?

El formateo de números en Excel para informes financieros a menudo requiere visualizaciones concisas como miles, millones o miles de millones. Para conseguirlo, utilice formatos numéricos personalizados como «0,,» para millones o «0,,» para miles de millones, a los que se accede a través del menú «Formato de celdas». Este formato simplifica las presentaciones de grandes datos y mejora la legibilidad.

20. ¿Qué son las matrices dinámicas y en qué se diferencian de las fórmulas normales?

Las matrices dinámicas de Excel ajustan automáticamente su tamaño y contenido en función de los datos a los que hacen referencia, a diferencia de las fórmulas estáticas. Funciones como FILTRO, ORDENAR y ÚNICO aprovechan esta característica para proporcionar resultados flexibles y dinámicos. Los usuarios suelen preguntar sobre la aplicación de estas funciones para crear conjuntos de datos con capacidad de respuesta que se actualizan en tiempo real

Trucos y consejos esenciales de Office 365: Una guía de referencia rápida (Edición 2024)

1. Flash Fill

Flash Fill es una poderosa herramienta de Excel que automatiza la entrada de datos reconociendo patrones en su entrada y completando las celdas restantes en consecuencia. Para usarlo, proporcione algunos ejemplos de la salida deseada, luego navegue a Inicio > Flash Fill o presione Ctrl + E. Esta característica es especialmente útil para tareas como dividir nombres completos, formatear fechas o extraer porciones de texto de manera eficiente.

2. XLOOKUP

La función XLOOKUP es un sustituto versátil de VLOOKUP y HLOOKUP, que ofrece la posibilidad de buscar datos en cualquier dirección, vertical u horizontalmente. Simplifica lasbúsquedas permitiéndole especificar valores de retorno personalizados cuando no se encuentra ninguna coincidencia. Por ejemplo, utilice =XLOOKUP(valor_de_búsqueda, matriz_de_búsqueda, matriz_de_retorno) para localizar datos de forma dinámica. Su flexibilidad y facilidad de uso lo hacen esencial para la gestión moderna de datos.

3. Matrices dinámicas

Las matrices dinámicas introducen funciones como FILTER, SORT y UNIQUE , que permiten a los usuarios manipular los datos de forma dinámica. Estas funciones se ajustan automáticamente a medida que cambian los datos de origen, eliminando la necesidad de actualizaciones manuales. Las matrices dinámicas simplifican los análisis de datos complejos, como filtrar conjuntos de datos, ordenar valores o eliminar duplicados, ahorrando tiempo y mejorando la precisión.

4. Power Query

Power Query agiliza los procesos de importación y transformación de datos, permitiendo a los usuarios combinar, limpiar y remodelar datos de diversas fuentes sin alterar el conjunto de datos original. Se encuentra en Datos > Obtener y transformar, y automatiza tareas repetitivas como la combinación de varios archivos o la reestructuración de datos sin procesar, lo que la convierte en una herramienta imprescindible para la preparación eficiente de datos.

5. Validación de datos

La validación de datos garantiza la coherencia y la precisión restringiendo la entrada de celdas a formatos, rangos o valores específicos. Acceda a través de Datos > Validación de datos para crear listas desplegables, establecer reglas de entrada o evitar entradas no válidas. Esta función es ideal para hojas de cálculo colaborativas en las que mantener la uniformidad es crucial.

6. Formato condicional

El formato condicional mejora la visualización de los datos resaltando las celdas en función de criterios personalizados. Utilícelo para llamar la atención sobre tendencias, valores atípicos o valores específicos accediendo a Inicio > Formato condicional. Entre las aplicaciones más populares se encuentran los mapas de calor, las escalas de color y el formato basado en valores, que hacen que la interpretación de los datos sea más intuitiva.

7. Tablas dinámicas y gráficos dinámicos

Las tablas y los gráficos dinámicos simplifican el análisis de grandes conjuntos de datos resumiéndolos y proporcionando vistas interactivas. Acceda a ellas a través de Insertar > Tabla dinámica o Insertar > Gráfico dinámico y, a continuación, utilice filtros y rebanadores para explorar diversas perspectivas. Estas herramientas son inestimables para generar perspectivas y crear informes profesionales.

8. Trazar precedentes y dependientes

Las herramientas «Trazar precedentes» y «Trazar dependientes» visualizan las relaciones entre fórmulas, ayudando a los usuarios a comprender cómo fluyen los datos a través de una hoja de cálculo. Estas funciones, que se encuentran en Fórmulas > Rastrear precedentes / Rastrear dependientes, son cruciales para depurar y verificar cálculos complejos.

9. Búsqueda de objetivos

Goal Seek permite a los usuarios determinar el valor de entrada necesario para lograr un resultado específico, por lo que es perfecto para los análisis «Y si...». Acceda a través de Datos > Análisis Y si... > Goal Seek para realizar ingeniería inversa de soluciones en escenarios como proyecciones financieras o cálculos de objetivos.

10. Proteger hojas y libros de trabajo

La protección de hojas y libros de trabajo garantiza la integridad de los datos al restringir las ediciones y salvaguardar la información confidencial. Vaya a Revisar > Proteger hoja / Proteger libro de trabajo para establecer contraseñas y controlar el acceso. Esta función es esencial para libros de trabajo compartidos o proyectos colaborativos.

11. Formato personalizado de números

El formato de número personalizado adapta la forma en que aparecen los números en las celdas, como el formato de números de teléfono, códigos postales o datos financieros. Para acceder a él, haz clic con el botón derecho en una celda, selecciona Formato de celdas y modifica las opciones de la pestaña Número. Esto mejora la legibilidad y garantiza la coherencia en la presentación.

12. Análisis de tablas de datos

Las tablas de datos permiten a los usuarios analizar el impacto de una o dos variables en las fórmulas, permitiendo comparaciones rápidas de diferentes escenarios sin alterar los datos originales. Esta herramienta, que se encuentra en Datos > Análisis Y si... > Tabla de datos, es ideal para la modelización financiera o la evaluación de múltiples resultados.

13. Ventana de observación

La ventana de control simplifica el seguimiento de celdas críticas en hojas de cálculo de libros de trabajo complejos. Acceda a ella a través de Fórmulas > Watch Window para supervisar valores y cambios en tiempo real sin cambiar de pestaña. Esta función es especialmente útil para auditar y solucionar problemas en hojas de cálculo de gran tamaño.

14. Complemento Solver

Solver es una herramienta de optimización avanzada que ayuda a identificar los valores óptimos bajo determinadas restricciones. Actívelo a través de Datos > Solver para resolver problemas en áreas como la asignación de recursos, la modelización financiera o la planificación logística. Su flexibilidad lo convierte en una herramienta imprescindible para los usuarios avanzados de Excel.

15. Evaluar fórmula

La herramienta «Evaluar fórmula» permite a los usuarios depurar y comprender fórmulas complejas paso a paso. Se encuentra en Fórmulas > Evaluar Fórmula, y desglosa los cálculos, ayudando a los usuarios a identificar errores y obtener información sobre funciones intrincadas.

16. Atajos de Autosuma

La función Autosuma calcula rápidamente sumas de filas o columnas, ahorrando tiempo durante el análisis de datos. Basta con seleccionar un rango y pulsar Alt + = para generar el total al instante. Este atajo es básico para trabajar eficientemente en una hoja de cálculo.

17. Herramienta de cámara

La herramienta Cámara permite a los usuarios crear instantáneas en vivo de rangos de celdas que se actualizan automáticamente con los cambios. Actívala en la barra de herramientas de acceso rápido y utilízala en cuadros de mando o informes para visualizar datos en tiempo real sin necesidad de reconfigurar los diseños.

18. Personalización de la barra de herramientas de acceso rápido

La personalización de la barra de herramientas de acceso rápido aumenta la productividad al permitir a los usuarios añadir comandos de uso frecuente. Haga clic con el botón derecho del ratón en la barra de herramientas, seleccione Personalizar barra de herramientas de acceso rápido y elija las funciones que desee. Esta personalización agiliza las tareas repetitivas y mejora el flujo de trabajo.

19. Mostrar números en miles, millones o billones

Dar formato a los números grandes de forma concisa es esencial para los informes financieros y empresariales. Utilice formatos numéricos personalizados, como `#,##0,` para miles, `#,##0,,` para millones y `#,##0,,,` para miles de millones. Acceda a estas opciones a través de Formato de celdas > pestaña Número para obtener una presentación más limpia y profesional.

20. Matrices dinámicas y fórmulas regulares

Las matrices dinámicas se ajustan automáticamente a los cambios en los datos de origen, proporcionando una flexibilidad sin precedentes para las funciones modernas de Excel como FILTRO, ORDENAR y ÚNICO. A diferencia de las fórmulas estáticas, las matrices dinámicas simplifican la creación de conjuntos de datos con capacidad de respuesta, lo que las hace ideales para cuadros de mando dinámicos o análisis de datos en evolución.

References:

Examples of commonly used formulas - Microsoft Support. (n.d.).

https://support.microsoft.com/en-us/office/examples-of-commonly-used-formulas-b45a3946-819e-455e-ac20-770ea6aa05da

Frequently asked questions about Copilot in Excel - Microsoft Support. (n.d.-l).

https://support.microsoft.com/en-gb/office/frequently-asked-questions-about-copilot-in-excel-7a13758f-d61e-4a56-8440-f2c9a07802ec

Top 19 Microsoft Excel most frequently asked questions - Letstute. (n.d.).

https://www.letstute.com/blog/ms-excel-faqs

VLOOKUP function. (n.d.). Microsoft Support.

https://support.microsoft.com/en-us/office/vlookup-function-0bbc8083-26fe-4963-8ab8-93a18ad188a1?utm_source=chatgpt.com

SCAN HERE

GRAB YOUR FREE BONUSES NOW

- Excel for Beginners Audiobook
- Office 365 for Beginners Audiobook
- Excel Pro: Boosting Productivity with Shortcuts and Tricks
- Artificial Intelligence in Excel: Advanced Techniques for Data Visualization